高等职业教育课程改革系列教材

自动化生产线安装与调试

主　编　张　虹　方鹭翔
副主编　姜　慧　伍向东
参　编　张龙慧　袁　泉　王增木　刘　珊
　　　　杨　明　邓　鹏　刘宗瑶　周惠芳
主　审　胡俊达

机械工业出版社

本书分为上篇和下篇，分别以 THJDQG-1 型自动化生产线和 YL-335B 型自动化生产线实训装置为载体，介绍自动化生产线实训装置各工作单元的安装与调试。

本书坚持"理论够用、实践为主"原则，把专业知识与技能训练有机结合，让学生"做中学、学中做"，老师"做中教、教中做"，真正体现了"以学生为中心，以能力为本位"的职业教育理念，将机械安装、传感技术、PLC 控制技术、变频控制技术、步进控制技术、伺服控制技术、网络控制技术等有效嵌入各任务中，以培养学生机械识图与安装、电路识图与安装、气动系统安装与调试、PLC 控制系统的编程、变频控制系统的安装与调试、步进与伺服控制系统的安装与调试、工业网络控制系统的组装与调试等专业核心技能；内容安排由易到难、由简单到复杂，循序渐进，让学生轻轻松松、快快乐乐学习。

本书可作为高职高专自动化类专业教材，也可供自从事相关专业工作的工程技术人员参考。

为方便教学，本书配有电子课件、微视频、习题解答等，凡选用本书作为教材的学校，均可来电索取，咨询电话：010-88379758；电子邮箱：cmpgaozhi@sina.com。

图书在版编目（CIP）数据

自动化生产线安装与调试/张虹，方鸳翔主编.—北京：机械工业出版社，2018.8（2022.1 重印）
高等职业教育课程改革系列教材
ISBN 978-7-111-60354-2

Ⅰ.①自… Ⅱ.①张… ②方… Ⅲ.①自动生产线-安装-高等职业教育-教材②自动生产线-调试方法-高等职业教育-教材 Ⅳ.①TP278

中国版本图书馆 CIP 数据核字（2018）第 143119 号

机械工业出版社（北京市百万庄大街 22 号　邮政编码 100037）
策划编辑：王宗锋　责任编辑：王宗锋
责任校对：刘雅娜　封面设计：陈　沛
责任印制：李　昂
北京捷迅佳彩印刷有限公司印刷
2022 年 1 月第 1 版第 2 次印刷
184mm×260mm · 12 印张 · 293 千字
标准书号：ISBN 978-7-111-60354-2
定价：39.80 元

电话服务	网络服务
客服电话：010-88361066	机 工 官 网：www.cmpbook.com
010-88379833	机 工 官 博：weibo.com/cmp1952
010-68326294	金 书 网：www.golden-book.com
封底无防伪标均为盗版	机工教育服务网：www.cmpedu.com

前　　言

本书由湖南省示范性高职院校和骨干院校教学经验丰富的教师共同编写，内容丰富、通俗易懂、操作性强，旨在加强学生综合技术应用和实践技能的培养。

本书以典型的自动化生产线为载体，遵循从简单到复杂、循序渐进的教学规律，将基础的机械、电气、气动、传感检测到复杂的PLC、变频、步进、伺服、工业网络及组态控制等相关内容融入到各个任务中，让学生在"做中学、学中做"，老师在"做中教、教中做"，真正体现了"以学生为中心，以能力为本位"的职业教育理念，培养学生机械识图与安装、电路识图与安装、气动系统安装与调试、PLC控制系统的编程、变频控制系统的安装与调试、步进与伺服控制系统的安装与调试、工业网络控制系统的组装与调试等专业核心技能的养成。

本书介绍了天煌THJDQG-1和亚龙YL-335B两套自动化生产线，分别讲述了它们的安装与调试的过程，主要内容包括THJDQG-1自动化生产线上料单元、搬运机械手单元、传送带输送单元、分类仓储单元安装与调试，THJDQG-1自动化生产线安装与调试；YL-335B自动化生产线供料单元、加工单元、装配单元、输送单元、分拣单元安装与调试，供料单元与加工单元并行通信控制，嵌入式组态TPC+三菱FX系列PLC的通信与控制。本书理念先进、任务真实，具有极强的可读性、实用性和先进性。

本书由张虹、方鹜翔担任主编并统稿，绪论由张龙慧、袁泉、刘珊共同编写，项目一由张虹、王增木、杨明共同编写，项目二由方鹜翔、姜慧、周惠芳共同编写，项目三由张虹、刘宗瑶、邓鹏共同编写，项目四由张虹、伍向东共同编写，附录由姜慧编写，全书由胡俊达主审。

由于当今自动控制技术快速发展，日新月异，编写人员水平有限，书中难免存在缺点或不妥之处，敬请广大读者批评指正。

编　者

目　录

前言
绪论 ··· 1

上篇　THJDQG-1型自动化生产线安装与调试

项目一　上料和搬运过程的自动控制 ·· 10
　　任务一　上料单元的安装与调试 ·· 10
　　任务二　搬运机械手单元的安装与调试 ·· 21

项目二　变频调速和步进调速在自动化生产线中的应用 ··································· 28
　　任务一　传送带输送单元的安装与调试 ·· 28
　　任务二　分类仓储单元的安装与调试 ·· 49
　　任务三　THJDQG-1型自动化生产线的安装与调试 ······································ 61

下篇　YL-335B型自动化生产线安装与调试

项目三　工件加工装配过程的自动控制 ·· 68
　　任务一　供料单元的安装与调试 ·· 68
　　任务二　加工单元的安装与调试 ·· 82
　　任务三　装配单元的安装与调试 ·· 93
　　任务四　输送单元的安装与调试 ·· 111

项目四　网络控制技术在自动化生产线中的应用 ··· 129
　　任务一　分拣单元的安装与调试 ·· 129
　　任务二　供料单元与加工单元并行通信控制 ·· 147
　　任务三　嵌入式组态TPC+三菱FX系列PLC的通信与控制 ···························· 155

附录 ·· 168
　　附录A　THJDQG-1型自动化生产线PLC I/O分配 ······································ 168
　　附录B　THJDQG-1型自动化生产线PLC接线图 ·· 169
　　附录C　THJDQG-1型自动化生产线实训台号码 ·· 170
　　附录D　FR-E700系列三菱变频器参数一览表 ··· 171

参考文献 ·· 188

绪 论

一、自动化生产线简介

(一) 自动化生产线的概念

自动化生产线是指按照生产工艺过程，把一条生产线上的机器联结起来，由自动执行装置（包括各种执行器件、机构，如电动机、电磁铁、电磁阀、气动、液压等），经各种检测装置（包括各种检测器件、传感器、仪表等）检测各装置的工作流程、工作状态，再经逻辑、数理运算、判断，自动进行生产作业的流水线。

图 0-1 所示是正泰电器股份有限公司的塑壳式断路器自动化生产线，包括自动上料、自动铆接、五次通电检查、瞬时特性检查、延时特性检查及自动打标等工序，采用可编程序控制器控制，每个单元都有独立的控制、声光报警等功能。采用网络技术将生产线构成一个完善的网络系统，大大提高了劳动生产率和产品质量。图 0-2 所示是汽车制动器自动化装配线。基于设备性能、生产节拍、总体布局及物流传输等因素，该生产线采用标准化、模块化设计，选用各种机械手及可编程自动化装置，可实现零件的自动供料、自动装配、自动检测、自动打标及自动包装等装配过程自动化，它采用网络通信监控、数据管理实现控制与管理。

图 0-1　塑壳式断路器自动化生产线　　　　图 0-2　汽车制动器自动化装配线

自动化生产线不仅要求流水线上各种机械加工装置能自动完成预定的各道工序及工艺过程，并且要求在装卸工件、定位夹紧、工件输送、工件的分拣甚至包装等都能自动进行，并使其按照规定的程序自动进行工作。简单地说，自动化生产线是由工件传送系统和控制系统将一组自动机床和辅助设备按照工艺顺序联结起来，自动完成产品全部或部分制造过程的生产系统，简称自动线。

(二) 自动化生产线的发展概况

自动化生产线所涉及的技术领域是很广泛的，它的发展与完善是和各种相关技术的进步相互渗透、紧密相连的。各种技术的不断更新推动了它的迅速发展。

可编程序控制器是一种以顺序控制为主、网络调节为辅的工业控制器，它不仅能完成逻辑判断、定时、记忆和算术运算等功能，而且能大规模地控制开关量和模拟量。因此，可编程序控制器逐渐取代了传统的顺序控制器，已广泛应用于自动化控制系统。

由于微型计算机的出现，机器人内装的控制器被计算机代替而产生了工业机器人，以工业机械手最为普遍。各具特色的机器人和机械手在自动化生产中的装卸工件、定位夹紧、工件传输、包装等工序得到广泛应用。新一代智能机器人不仅具有运动操作技能，而且有视觉、听觉、触觉等感觉的辨别能力，还具有判断、决策能力。这种机器人的研制成功将把自动化生产带入一个全新的领域。

液压和气动技术，特别是气动技术，由于是以空气作为介质的，因此具有传动反应快、动作迅速、气动元件制作容易、成本小、便于集中供应和长距离输送等优点，从而引起人们的普遍重视。气动技术已经发展成为一个独立的技术领域，在各行各业，特别是在自动化生产线中已经得到迅速的发展和广泛的使用。

另外，传感技术随着材料科学的发展和固体效应的不断出现，形成了一个新型的科学技术领域。在应用上出现了带微处理器的"智能传感器"，它在自动化生产线中监视着各种复杂的自动控制程序，起着极其重要的作用。

进入21世纪，在计算机技术、网络通信技术和人工智能技术的推动下，将生产出智能控制设备，使工业生产过程具有有一定的自适应能力。所有这些支持自动化生产的相关技术进一步的发展，使得自动化生产技术功能更加齐全、完善、先进，从而完成技术性更复杂的操作，并能生产或装配工艺更高的产品。

（三）自动化生产线的优点

采用自动化生产线进行生产的产品应有足够大的产量，产品设计和工艺应先进、稳定和可靠，并在较长时间内保持基本不变。在大批量生产中采用自动化生产线能提高劳动生产率，稳定和提高产品质量，改善劳动条件，缩减生产占地面积，降低生产成本，缩短生产周期，保证生产均衡性，有显著的经济效益。

自动化生产线在无人干预的情况下按规定的程序或指令自动进行操作或控制的过程，其目标是"稳，准，快"。自动化技术广泛用于工业、农业、军事、科学研究、交通运输、商业、医疗、服务和家庭等方面。采用自动化生产线不仅可以把人从繁重的体力劳动、部分脑力劳动以及恶劣、危险的工作环境中解放出来，而且能扩展人体器官功能，极大地提高劳动生产率，增强人类认识世界和改造世界的能力。

二、THJDQG-1型自动化生产线简介

（一）THJDQG-1型自动化生产线的总体结构认知

THJDQG-1型自动化生产线实训系统是一套针对教学与实训的生产线。本装置由导轨式型材实训台、光机电气一体化设备部件、电源模块、按钮模块、PLC模块、变频器模块、交流电动机模块、步进电动机及驱动器模块、模拟生产设备实训单元和各种传感器等组成。本装置涵盖了PLC控制、变频调速、步进调速、传感检测、气动、机械结构安装与系统调

试等内容，其外观如图 0-3 所示。

THJDQG-1 型自动化生产线实训系统由上料单元、传送带输送单元、搬运机械手单元、分类仓储单元组成，各个单元的执行机构基本上以气动执行机构为主，但传送带输送单元的传送带的运动采用的是通用变频器驱动三相异步电动机的交流传动装置。分类仓储单元的运料小车的运动则采用步进电动机驱动。在设备上还应用了多种类型的传感器，分别用于判断工件的运动位置、工件通过的颜色及材质等。四个工作单元配备一台三菱 FX_{2N} 系列的 PLC，它控制着每一个工作单元执行各自功能。

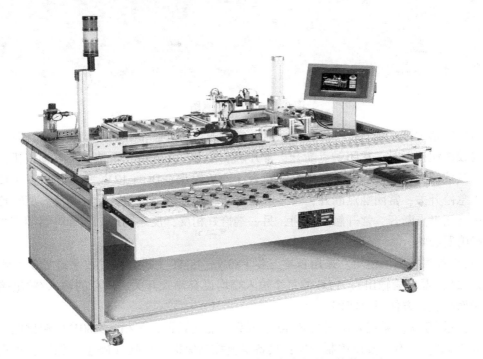

图 0-3　THJDQG-1 型自动化生产线实训系统外观图

(二) 产品特点和使用说明

(1) 产品特点　本装置有 PLC 模块 I/O 端子、变频器接线端子、交流电动机接线端子、步进电动机驱动器接线端子、各常用模块与 PLC 连接端子，均采用安全插座安装，使用带安全插头的导线进行电路连接；各类传感器、行程开关、电磁阀线圈和指示元件的电路连接到端子排的一端，端子排的另一端（导线已编号）则与插孔连接，如图 0-4 所示。当需要与传感器、行程开关、电磁阀线圈和指示元件连接时，只需要用插拔线与端子排连接，既可保证学生基本技能的训练、形成和巩固，又可保证电路连接的快速、安全和可靠。

(2) 使用说明

1) 电源模块。将电源线插头插在三相四线电源插座上，合上低压断路器，用万用表测量输出电源，插座为 AC220V，U、V、W 输出线电压为 AC380V，相电压为 AC220V。

2) 按钮模块。本模块提供红、黄、绿三种指示灯（DC24V），复位、自锁按钮，急停开关，转换开关、蜂鸣器（12V）及 24V 和 12V 直流电源。在指示灯的两端加上 DC24V 电

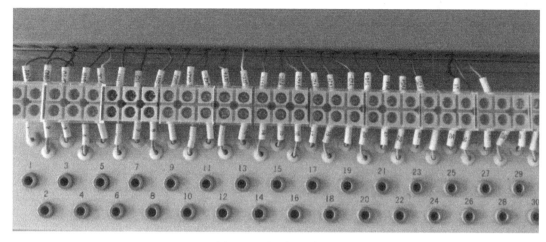

图 0-4 端子排示意图

压时,对应的指示灯点亮。按下复位按钮时,常闭触点断开,常开触点接通;松开时,恰好相反。自锁按钮按下时,常闭触点断开,常开触点接通,并保持;再按一下自锁按钮,恰好相反。测量按钮挂箱的 DC+24V、0V 之间有 +24V 输出;DC+12V、0V 之间有 +12V 输出。按下急停开关,常闭触点断开,常开触点接通;松开急停按钮,恰好相反。旋转转换开关,一端常闭触点断开,常开触点接通,另一端恰好相反;反之同理。在蜂鸣器两端加 12V 电压,蜂鸣器会响。

3)可编程序控制器模块。采用日本三菱 FX2N-48MT 主机,内置数字量 I/O(24 路数字量输入/24 路晶体管输出)。PLC 的每个输入端均设有输入开关,PLC 的输入/输出接口均已连接到面板上,方便用户使用。

4)变频器模块。系统采用三菱 E740 系列高性能变频器,三相 AC380V 电源供电,输出功率为 0.75kW。具有多段速控制功能;具备电流控制保护、跳闸(停止)保护、防止过电流失控保护、防止过电压失控保护。

三、YL-335B 型自动化生产线简介

(一)YL-335B 型自动化生产线的总体结构认知

YL-335B 型自动化生产线实训考核装备由供料单元、加工单元、装配单元、输送单元和分拣单元 5 个单元组成,每个单元组装好后固定在在铝合金导轨式实训台上,其外观如图 0-5 所示。

其中,每一工作单元都可自成一个独立的机电一体化系统,即每一工作单元可由一台 PLC 控制器承担其控制任务。各个单元的执行机构基本上以气动执行机构为主,只有输送单元的机械手装置整体运动采取伺服电动机驱动、精密定位的位置控制,该驱动系统具有长行程、多定位点的特点,是一个典型的一维位置控制系统。分拣单元的传送带驱动采用的是通用变频器驱动三相异步电动机的交流传动装置。同时在 YL-335B 设备上应用了多种类型的传感器,分别用于判断工件的运动位置、工件通过的状态、工件的颜色及材质等。在控制方

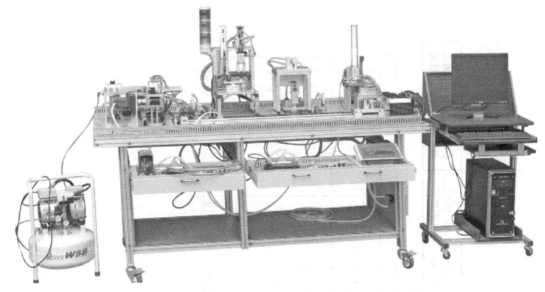

图 0-5　YL-335B 型自动化生产线实训考核装置外观图

面采用了基于 RS485 串行通信的 PLC 网络控制方案，各 PLC 之间通过 RS485 串行通信实现互连的分布式控制方式。用户可根据需要选择不同厂家的 PLC 及其所支持的 RS485 通信模式。

（二）YL-335B 电气控制系统的结构特点

（1）工作单元的结构　YL-335B 设备中的各工作单元的结构是机械装置和电气控制部分的相对分离。每一工作单元的机械装置整体安装好后固定在底板上，PLC 及变频器等装置、DC24V 开关电源、按钮指示灯模块安装在工作台两侧的抽屉板上。因此，工作单元机械装置与 PLC 装置之间的信息交换采用的方案是：机械装置上的各电磁阀和传感器的引线均连接到装置侧的接线端口上，如图 0-6 所示。PLC 的 I/O 引出线则连接到 PLC 侧的接线端口上，如图 0-7 所示。两个接线端口间通过多芯信号电缆互连。

图 0-6　装置侧接线端口

图 0-7　PLC 侧接线端口

装置侧的接线端口的接线端子采用三层端子结构，具体端子连接方式将在项目三中说明。装置侧的接线端口和 PLC 侧的接线端口之间通过专用电缆连接。其中 25 针接头电缆连接 PLC 的输入信号，15 针接头电缆连接 PLC 的输出信号。

（2）供电电源　YL-335B 要求外部供电电源为三相五线制 AC 380V/220V，图 0-8 是供电电源的一次回路原理图中，总电源开关选用 DZ47LE-32/C32 型三相四线剩余电流断路

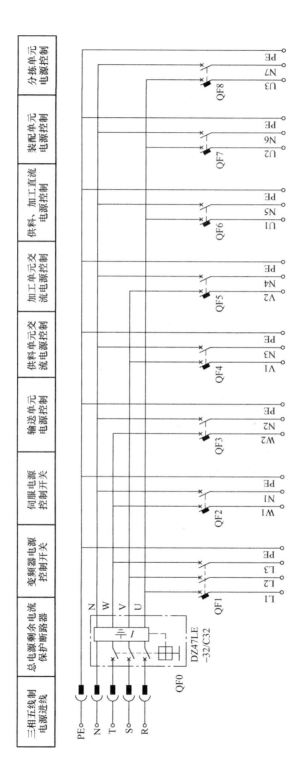

图 0-8 供电电源模块一次回路原理图

注：图中，QF1：DZ47C16/3P；QF2~QF8：DZ47C5/2P

器（3P+N 结构形式）。系统各主要负载通过低压断路器单独供电。其中，变频器电源通过 DZ47C16/3P 三相低压断路器供电；各工作站 PLC 均采用 DZ47C5/2P 单相低压断路器供电。此外，系统配置 4 台 DC24V6A 开关稳压电源分别用作供料、加工和分拣单元，及输送单元的直流电源，开关稳压电源均安装要各工作单元抽屉板内。

（三）YL-335B 的控制系统

YL-335B 的每一工作单元的工作都由一台 PLC 控制。各工作单元的 PLC 配置如下：

输送单元：FX_{1N}-40MT 主单元，共 24 点输入，16 点晶体管输出。
供料单元：FX_{2N}-32MR 主单元，共 16 点输入，16 点继电器输出。
加工单元：FX_{2N}-32MR 主单元，共 16 点输入，16 点继电器输出。
装配单元：FX_{2N}-48MR 主单元，共 24 点输入，24 点继电器输出。
分拣单元：FX_{3U}-48MR 主单元，共 24 点输入，24 点继电器输出。

每一工作单元都可自成一个独立的控制系统，同时也可以通过网络互连构成一个分布式的控制系统。

当各工作单元自成一个独立的控制系统时，其设备运行的主令信号以及运行过程中的状态显示信号，来源于该工作单元按钮指示灯模块，如图 0-9 所示。模块上的指示灯和按钮的引脚已经全部引到端子排上。

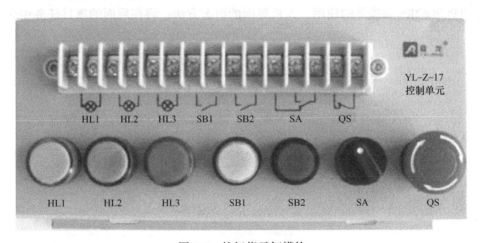

图 0-9 按钮指示灯模块

模块盒上器件包括：

指示灯（24VDC）：黄色（HL1）、绿色（HL2）、红色（HL3）各一只。

主令器件：绿色常开按钮 SB1 一只，红色常开按钮 SB2 一只，选择开关 SA（一对转换触点），急停按钮 QS（一个常闭触点）。

当各工作单元通过网络互连构成一个分布式的控制系统时，对于采用三菱 FX 系列 PLC 的设备，YL-335B 是采用了基于 RS485 串行通信的 N∶N 通信方式。设备出厂的控制方案如图 0-10 所示。

人机界面系统运行的主令信号（复位、起动、停止等）可通过触摸屏人机界面给出，其与 PLC 的连接简图如图 0-10 所示。同时，人机界面上也显示系统运行的各种状态信息。

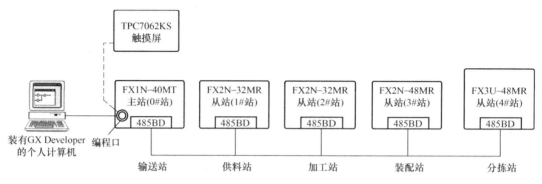

图 0-10　YL-335B 的通信网络

人机界面是实现操作人员和机器设备之间做双向沟通的桥梁。使用人机界面能够明确指示并告知操作员机器设备目前的状况，使操作变得简单生动，并且可以减少操作上的失误。使用人机界面还可以使机器的配线标准化、简单化，同时也能减少 PLC 控制器所需的 I/O 点数，降低生产成本，同时由于面板控制的小型化及高性能，也相对提高了整套设备的附加价值。

YL-335B 采用的是昆仑通态（MCGS）TPC7062KS 触摸屏作为它的人机界面。TPC7062KS 是一款以嵌入式低功耗 CPU 为核心（主频为 400MHz）的高性能嵌入式一体化工控机。TPC7062KS 触摸屏的使用、人机界面的组态方法，将在后面的项目任务中介绍。

上篇

THJDQG-1型自动化生产线安装与调试

项目一　上料和搬运过程的自动控制

> 学习目标 》

1. 了解工作单元的组成及作用。
2. 能根据控制关系正确分配 PLC 输入输出口，并完成电气安装。
3. 能正确调整传感器和气压装置，使其正常工作。
4. 能根据控制要求编制工作程序。
5. 能进行系统调试，并进一步优化程序。

任务一　上料单元的安装与调试

一、上料单元的主要组成与功能

上料单元主要由工件库及工件推出装置组成。主要配置有：井式工件库、光电传感器、磁性传感器、工件、上料气缸、警示灯及安装支架等。上料单元的基本功能是按照需要将放置在工件库中的工件自动送出至传送带输送单元的传送带上。其外观图如图 1-1 所示。

各组成部分说明如下：

1）光电传感器：此传感器为光电漫反射型传感器，用来检测有无工件。有工件时为 PLC 提供一个输入信号（接线注意棕色接"+"、蓝色接"-"、黑色接输出），其型号是 SB03-1K。

2）磁性传感器：用于气缸的位置检测。当检测到气缸准确到位后将给 PLC 发出一个到位信号（接线时注意蓝色接"-"，棕色接"PLC 输入端"），其型号是 CS-120。

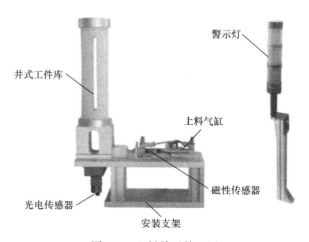

图 1-1　上料单元外观图

3）上料气缸：依次将工件推到传送带输送单元上，由单电控气动阀控制，其规格是 SBA-10×45-SA2。

4）警示灯：在设备停止时红灯亮；在设备运行时绿灯亮；在无工件时或点动"复位"按钮后黄灯闪烁，各灯规格分别是 JD501-L01G/R/Y024（红灯）、JD501-L01G/G/Y024（绿灯）、JD501-L01G/Y/Y024（黄灯）。

5) 井式工件库：用于存放 Φ32mm 工件，料筒侧面有观察槽。

6) 安装支架：用于安装工件库和上料气缸等。

二、任务描述

本任务只考虑上料单元独立运行时的情况，具体的控制要求为：

1) 设备上电和气源接通后，上料气缸处于缩回位置。点动"起动"按钮，警示绿灯常亮，代表系统正在工作，料筒光电传感器检测到有工件时，延时 2s 后，上料气缸将工件推出至传送带输送单元的传送带上，若 10s 内料筒检测光电传感器仍未检测到工件，则说明料筒内无工件，这时警示黄灯以亮 1s 灭 0.5s 的频率闪烁，放入工件后黄灯熄灭；上料气缸推出工件后会立即缩回，工件下落。延时 2s 后，又重复上述过程。

2) 若在运行中按下停止按钮，警示绿灯灭，则在完成本工作周期任务后，本工作单元停止工作。

要求完成如下任务：

① 规划 PLC 的 I/O 分配及接线端子分配。

② 进行电气安装与检查。

③ 按控制要求编制 PLC 程序。

④ 进行调试与运行。

三、相关知识点

（一）上料单元的气动元件

气压传动是利用空气压缩机把电动机或其他原动机输出的机械能转换为空气的压力能，然后在控制元件的作用下，通过执行元件把压力能转换为直线运动或回转运动形式的机械能，从而完成各种动作，并对外做功。

（1）空气压缩机 空气压缩机是将原动机的机械能转换成气体压力能的装置，是压缩空气的气压发生装置。气动系统中最常用的是往复活塞式空气压缩机，如图 1-2 所示。其工作原理是：当活塞 3 向右运动时，由于左腔容积增加，压力下降，而当气缸内气体压力低于大气压力时，吸气阀 9 被打开，气体进入气缸 2 内，此为吸气过程。当活塞向左运动时，吸气阀 9 关闭，缸内气体被压缩，压力升高，此过程即为压缩过程。当气缸内气体压力高于排气管道内的压力时，顶开排气阀 1，压缩空气被排入排气管内，此过程为排气过程。至此完成一个工作循环。电动机带动曲柄做回转运动，通过连杆、滑块、活塞杆、推动活塞做往复运动，空气压缩机就连续输出高压气体。

（2）气源处理组件 从空气压缩机输出的压缩空气中，含有大量的水分、油分和粉尘等污染物。气动系统

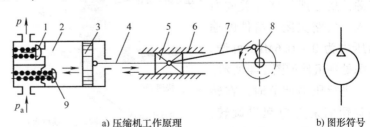

图 1-2 活塞式空气压缩机工作原理

1—排气阀 2—气缸 3—活塞 4—活塞杆 5、6—滑块与滑道
7—连杆 8—曲柄 9—吸气阀

出现故障的最主要因素是质量不良的压缩空气,它会使气动系统的可靠性大大降低,并使其使用寿命大大缩短。因此,进入气动系统前压缩空气应进行二次过滤,以便滤除压缩空气中的水分、油分以及杂质,以达到气动系统所需要的净化程度。

为确保系统压力的稳定性,减小因气源气压突变时对阀门或执行器等硬件的损伤,进行空气过滤后,需调节或控制气压的变化,并保持降压后的压力值固定在需要值上。实现的方法是使用减压阀。

气压系统的机体运动部件须进行润滑。对不方便加润滑油的部件进行润滑时多采用油雾器,它是气压系统中一种特殊的注油装置,作用是把润滑油雾化后,经压缩空气携带进入系统各需要润滑部位,以满足润滑的需要。

工业上的气动系统,常常使用组合起来的气动三联件作为气源处理装置。气动三联件是指空气过滤器、减压阀和油雾器。各元件之间采用模块化组合的方式连接,如图1-3所示。这种方式安装简单,密封性好,易于实现标准化、系列化,可缩小外形尺寸,节省空间和配管,便于维修与集中管理。

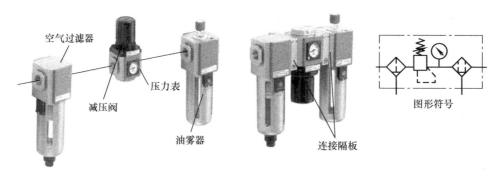

图1-3 气动三联件的外观与图形符号

有些品牌的电磁阀和气缸能实现无油润滑,它们是靠润滑脂实现润滑功能,这就不需要使用油雾器。这时只需把空气过滤器和减压阀组合在一起,可以称为气动二联件。THJDQG-1型和YL-335型所用气缸都是无油润滑气缸。

THJDQG-1型和YL-335B型自动化生产线的气源处理组件是将空气过滤器和减压阀组合装在一起的气动二联件结构,气源处理组件的输入气源来自空气压缩机,所提供的压力要求为0.6~1.0MPa。组件的气路入口安装了一个快速气路开关,用于启/闭气源。当把气路开关向左拔出时,气路接通气源,反之把气路开关向右推入时气路关闭。组件的输出压力为0~0.6MPa可调。气源处理组件如图1-4所示。

进行压力调节时,在转动旋钮前请先拉起再旋转,压下旋钮为定位。旋钮向右旋转为调高出口压力,向左旋转为调低出口压力。调节

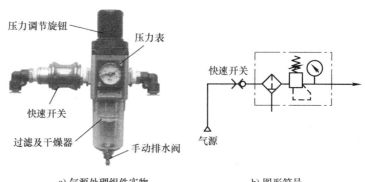

a) 气源处理组件实物　　b) 图形符号

图1-4 气源处理组件

压力时应逐步均匀地调至所需压力值，不应一步调节到位。

本组件的空气过滤器采用手动排水方式。手动排水时，当水位达到滤芯下方水平之前必须排出。在使用时，必须注意经常检查过滤器中凝结水的水位，在超过最高标线以前，必须排放，以免被重新吸入。

（3）气缸 气缸是气动系统的执行元件之一。它是将压缩空气的压力能转换为机械能并驱动工作机构作往复直线运动或摆动的装置。与液压缸比较，气缸具有结构简单，制造容易，工作压力低和动作迅速等优点。因而应用十分广泛。气缸种类很多，结构各异、分类方法也多，常用的有以下几种：

按压缩空气在活塞端面作用力的方向不同分为单作用气缸和双作用气缸。

按结构特点不同分为活塞式气缸、薄膜式气缸、柱塞式气缸和摆动式气缸等。

按安装方式不同可分为耳座式气缸、法兰式气缸、轴销式气缸、凸缘式气缸、嵌入式气缸和回转式气缸等。

按功能不同分为普通气缸、缓冲气缸、气-液阻尼缸、冲击气缸和步进气缸等。

这里主要从作用力方向介绍单作用气缸和双作用气缸。

1）单作用气缸。单作用气缸在缸盖一端气口输入压缩空气使活塞杆伸出（或缩回），而另一端靠弹簧力、自重或其他外力等使活塞杆恢复到初始位置。单作用气缸只在动作方向需要压缩空气，主要用在夹紧、退料、阻挡、压入、举起和进给等操作。

根据复位弹簧位置将单作用气缸分为预缩型气缸和预伸型气缸，如图1-5所示。当弹簧装在有杆腔内时，由于弹簧的作用力而使气缸活塞杆初始位置处于缩回位置，这种气缸称为预缩型单作用气缸；当弹簧装在无杆腔内时，气缸活塞杆初始位置为伸出位置，称为预伸型气缸。

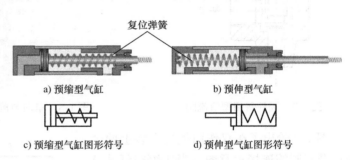

图1-5 单作用气缸工作示意图和图形符号

2）双作用气缸。双作用气缸动作原理是从无杆腔端的气口输入压缩空气时，在气压作用下活塞左端面上的力克服了运动摩擦力、负载等各种反作用力，活塞前进，活塞杆伸出，有杆腔内的空气经该端气口排出。同样，当有杆腔端气口输入压缩空气时，活塞杆缩回至初始位置。通过无杆腔和有杆腔交替进气和排气，活塞杆伸出和缩回，气缸实现往复直线运动。双作用气缸工作示意图及图形符号如图1-6所示，THJDQG－1型自动化生产线所有工作单元的执行气缸都是双作用气缸。

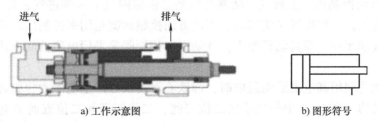

图1-6 双作用气缸

双作用气缸具有结构简单、输出力稳定、行程可根据需要选择的优点,但由于是利用压缩空气交替作用于活塞上实现伸缩运动的,缩回时压缩空气的有效作用面积较小,所以产生的力要小于伸出时产生的推力。

(4) 流量控制阀 在气动系统中,流量控制阀就是通过改变阀的通流截面积来实现流量控制的元件。流量控制阀最常见的包括节流阀、单向节流阀和排气节流阀等。为了使气缸的动作平稳可靠,应对气缸的运动速度加以控制,常用的方法是使用单向节流阀来实现。

1) 节流阀。图 1-7 所示为圆柱斜切型节流阀。压缩空气由 P 口进入,经过节流后,由 A 口流出。旋转阀芯螺杆,就可以改变节流口的开度,这样就调节了压缩空气的流量。

2) 单向节流阀。单向节流阀是由单向阀和节流阀并联而成的组合式流量控制阀,如图 1-8 所示。单向节流阀常用于气缸的调速和延时回路,所以也称为速度控制阀。

图 1-7 圆柱斜切型节流阀   图 1-8 单向节流阀剖面图和图形符号

图 1-9 给出了在双作用气缸上装上两个单向节流阀的连接示意图,当压缩空气从 A 端进气、从 B 端排气时,单向节流阀 A 的单向阀和节流阀均开启,向气缸无杆腔处快速充气;排气时由于单向节流阀 B 的单向阀关闭,有杆腔的气体只能经节流阀排气,调节节流阀 B 的开度,便可改变气缸伸出时的运动速度。反之,调节节流阀 A 的开度则可改变气缸缩回时的运动速度。这种控制方式,活塞运行稳定,是最常用的方式。

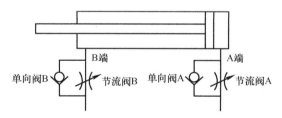

图 1-9 单向节流阀连接和调整原理示意图

(5) 气动方向控制阀 上料气缸活塞的运动是依靠向气缸一端进气,并从另一端排气,然后从另一端进气,一端排气来实现的。气动方向控制阀就是用来控制压缩空气的流动方向和气流通断的气动元件。在自动控制中,气动方向控制阀常采用电磁控制方式实现控制,称为电磁换向阀。

电磁换向阀是利用其电磁线圈通电时,静铁心对动铁心产生电磁力使阀芯切换,达到改变气流方向的目的。图 1-10 中分别给出二位三通、二位四通和二位五通单电控电磁换向阀的图形符号。

所谓"位",指的是为了改变气体方向,阀芯相对于阀体所具有的不同的工作位置,图形符号中用方框表示位,有几个方框表示几位。"通"的含义则指换向阀与系统相连的

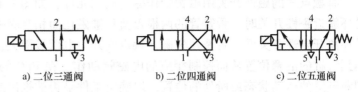

a) 二位三通阀　　b) 二位四通阀　　c) 二位五通阀

图1-10　单电控电磁换向阀的图形符号

通口,有几个通口即为几通,方格中的"⊤"和"⊥"符号表示各接口互不相通。

图1-11所示为二位五通直动式电磁换向阀(常断型)的简单剖面图及工作原理。

起始状态,1,2进气;4,5排气;线圈通电时,静铁心产生电磁力,使先导阀动作,压缩空气通过气路进入阀先导活塞使活塞起动,在活塞中间,密封圆面打开通道,1,4进气,2,3排气;当断电时,先导阀在弹簧作用下复位,恢复到原来的状态。

在气路上来说,两位五通电磁阀具有1个进气孔(接进气气源)、1个正动作出气孔和1个反动作出气孔(分别提供给目标设备的一正一反动作的气源)、1个正动作排气孔和1个反动作排气孔(安装消声器)。本设备所用工作单元的执行气缸都是双作用气缸,控制它们的电磁阀需要两个工作口、两个排气口和一个供气口,故使用的电磁阀均为二位五通的单电控电磁阀。

上料单元中的上料气缸采用一个二位五通电磁阀实现方向控制。本设备共用了五个二位五通的单电控电磁阀,五个电磁阀集中安装在汇流板上,这种将多个阀与汇流板等集中在一起构成的一组控制阀的集成称为阀组,而每个阀的功能是彼此独立的,阀组的结构如图1-12所示。这五个电磁阀带有手动开关,可用工具向下按,信号为"1",等同于该侧的电磁信号为1;常态时,手控开关的信号为0。在进行设备调试时,可以使用手控开关对阀进行控制,从而实现对相应气路的控制,以改变上料气缸等执行机构的动作,以达到调试的目的。

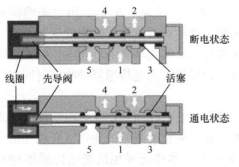

图1-11　二位五通直动式电磁换向阀
(常断型)的工作原理

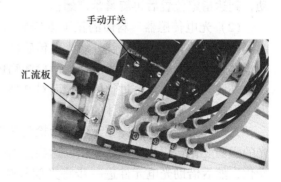

图1-12　阀组

(二) 上料单元的传感器

(1) 磁性传感器　磁性传感器又称磁性开关。本单元的上料气缸是带磁性开关的气缸。这些气缸的缸筒采用导磁性弱、隔磁性强的材料,如硬铝、不锈钢等。在非磁性体的活塞上安装一个磁环(永久磁铁),这样就提供了一个反映气缸活塞位置的磁场。而安装在气缸外侧的磁性传感器则是用来检测气缸活塞位置,即检测活塞的运动行程,如图1-13a所示。

有触点式的磁性开关用磁簧管作磁场检测元件，如图1-13b所示。当气缸随活塞移动的磁环靠近磁性开关时，舌簧管的两根舌簧片被磁化而相互吸引，触点闭合，产生电信号；当磁环离开磁性开关后，舌簧片失磁，触点断开，电信号消失，如图1-13c所示。这样可以检测到气缸的活塞位置从而控制相应的电磁阀动作。在PLC的自动控制中，可以利用该信号判断气缸的运动状态或所处的位置，以确定工件是否被推出或气缸是否返回。

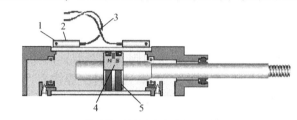

a) 带磁性开关的气缸工作原理图

b) 磁性开关内部结构　　　　　　　　c) 磁性开关磁化示意图

图1-13　磁性开关工作原理图

1—动作指示灯（LED）　2—磁性开关　3—导线　4—磁环（永久磁铁）　5—活塞

如图1-13a所示，在磁性开关上设置的LED用于显示其信号状态，供调试时使用，在PLC的自动控制中，可以利用该信号判断气缸的到运动状态或所处的位置，以确定工件是否被推出或气缸是否返回。磁性开关动作时，输出信号为1，LED亮；磁性开关不动作时，输出信号为0，LED不亮。磁性开关的外部接线如图1-14所示。

磁性开关的安装位置可以调整，调整方法是松开它的紧定螺栓，让磁性开关顺着气缸滑动，到达指定位置后再旋紧紧定螺栓。

（2）光电传感器　料筒的正下方安装着一个传感器——光电传感器，用它来检测料筒内是否有工件。常用的是红外线光电传感器，它是利用物体对近红外线光束的反射原理，由同步回路感应反射回来的光的强弱而检测物体的存在与否来实现功能的。光电传感器首先发出红外线光束到达或透过物体或镜面对红外线光束进行反射，光电传感器接收反射回来的光束，根据光束强弱判断物体的存在。

光电传感器是采用光电元件作为检测元件的传感器，它的作用是把发射端和接收端之间光的强弱变化转化为电流的变化以达到探测的目的。它首先把被测量的变化转换成光信号的变化，然后借助光电元件进一步将光信号转换成电信号。本单元采用的光电传感器型号是SB03－1K，如图1-15所示。

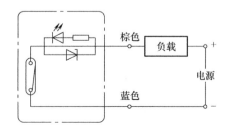　　　　　　　　

图1-14　磁性开关的外部接线图　　　　　　　图1-15　光电传感器实物图

四、任务分析

(一) PLC 的 I/O 分配

根据任务要求,本实训装置 PLC 选用 $FX_{2N}-48MT$ 主单元,共 24 点输入和 24 点晶体管输出。上料单元的 PLC I/O 信号分配见表 1-1,接线原理图如图 1-16 所示。图 1-16 中,磁性开关电源使用 PLC 内置的 DC24V 电源,光电传感器电源使用外接的 DC24V。

表 1-1 上料单元的 PLC I/O 信号分配表

输入信号			输出信号		
序号	PLC 输入点	信号名称	序号	PLC 输出点	信号名称
1	X002	起动按钮	1	Y002	上料气缸电磁阀
2	X003	停止按钮	2	Y007	警示绿灯
3	X005	上料检测光电传感器	3	Y010	警示黄灯
4	X016	上料气缸原位传感器			
5	X017	上料气缸伸出传感器			

图 1-16 上料单元的 PLC I/O 接线原理图

(二) 上料单元控制的编程思路

1) 上料单元运行的主要过程是上料气缸的动作,它是一个步进顺序控制过程,顺序功能图如图 1-17 所示。

2) 警示黄灯的状态用来显示工件的有无,是由光电传感器判别的。按下起动按钮,工作单元工作后,若光电传感器在 10s 内没有检测到工件,则警示黄灯以亮 1s、灭 0.5s 的频率闪烁,程序独立于顺序功能图,属于附加的辅助程序,如图 1-18 所示。

五、任务实施

(一) 电气安装与检查

本装置在设备的安装、线路的布置与实际自动化生

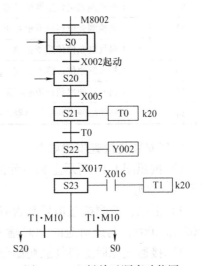

图 1-17 上料单元顺序功能图

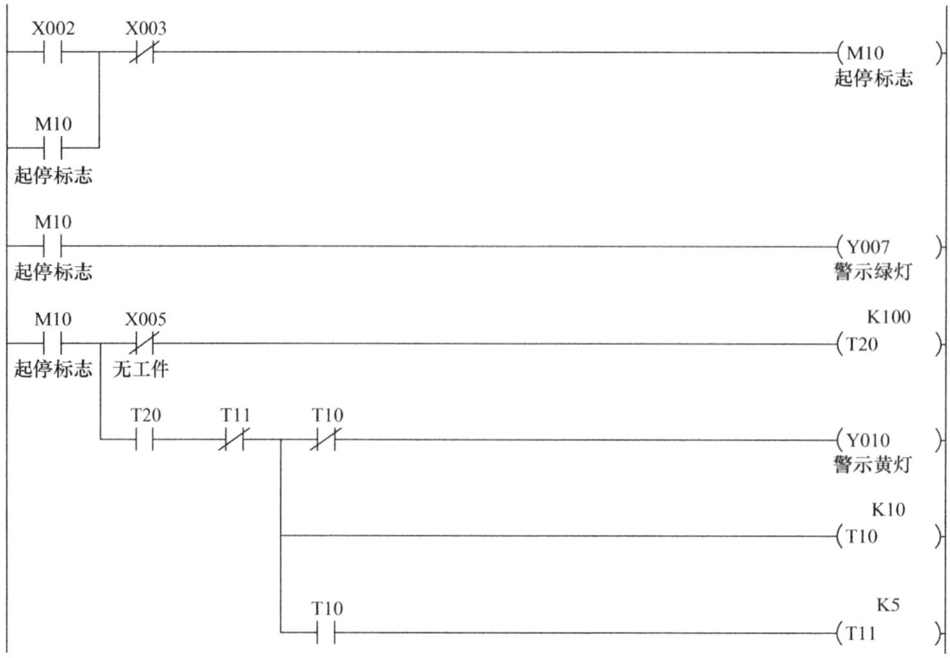

图 1-18 辅助程序

产线有所不同,各类传感器、行程开关、电磁阀线圈和指示元件的电路已经连接到端子排上,查看端子排号码即可进行连接。上料单元接线端口信号端子分配见表 1-2。PLC 的输入输出接口均已连接到面板上,如图 1-19 所示,DC24V 来源于电源模块。

表 1-2 上料单元接线端口信号端子的分配

输入端口		输出端口	
端子号	信号线	端子号	信号线
54	上料检测光电传感器信号负端	14	上料气缸电磁阀正端
55	上料检测光电传感器信号输出端	15	上料气缸电磁阀负端
53	上料检测光电传感器信号正端	24	警示灯公共端
35	上料气缸原位传感器正端	25	警示灯黄灯
36	上料气缸原位传感器负端	26	警示灯绿灯
37	上料气缸伸出到位传感器正端		
38	上料气缸伸出到位传感器负端		

电气安装与检查步骤如下:

1)按照图 1-16 所示上料单元的 PLC I/O 接线原理图用插拔线将 PLC 输入输出端口与外部元件连接好。

2)上电,检测按钮信号是否有效。分别按下起动按钮和停止按钮,查看有无输入信号 X002 和 X003,与此对应的 PLC 输入 LED 是否点亮。

3)接通气源后上料气缸初始位置为缩回状态,此时上料气缸原位传感器检测到气缸位置,磁性传感器上的 LED 亮,PLC 输入信号 X016 对应的 LED 亮。若不亮,调整磁性传感

图 1-19　PLC 模块

器位置；调整位置后仍不亮，应检查磁性传感器接线，若接线可靠，则更换 PLC 输入接口。更换 PLC 输入口后 LED 亮，这就可以判断为 PLC 输入点 X16 已坏；若更换 PLC 输入口后 LED 不亮，则可判断为磁性传感器坏。

4) 利用电磁阀上的手动开关使上料气缸伸出，此时上料气缸伸出到位传感器检测到气缸位置，传感器上的 LED 亮，PLC 输入信号 X017 对应的 LED 亮。若不亮，检查方式与第 3) 一样。

5) 将工件放入料筒内，查看光电传感器是否动作，PLC 输入信号 X005 对应的 LED 亮。若无信号输出，则应调整光电传感器安装位置。

(二) 调试与运行

1) 根据图 1-17 和图 1-18 写出梯形图程序，录入梯形图程序，送入 PLC，将 PLC 的工作状态开关放在 "RUN" 处，程序切换至监控状态。

2) 警示灯调试。设备上电和气源接通，点动 "起动" 按钮，观察警示绿灯是否点亮，料筒内无工件时，延时 10s 后观察警示黄灯是否以亮 1s、灭 0.5s 的频率闪烁，放入工件后，警示黄灯是否熄灭。若没有，检查程序监控状态及时修改程序。

3) 上料气缸动作调试。料筒内放入工件后，上料气缸是否推出工件后缩回，若没有，则应检查程序监控状态及时修改程序。

4) 停止功能调试。按下停止按钮，工作单元完成当前工作周期后是否停止，警示绿灯是否熄灭。

六、任务思考与评价

（一）任务思考

1）总结检查I/O接线正确与否的方法。

2）试思考如下问题：

① 上电后，所有磁性开关的LED不亮，料筒内有工件但光电传感器不亮，是什么原因？

② 试编程序：工作单元在工作过程中，当推出工件数满10个时，暂停工作5min，再继续工作。

（二）任务评价

评价表		编号：01						
项目一 任务一		上料单元的安装与调试		总学时：6				
团队负责人		团队成员						
评价项目		评定标准	自评	互评1	互评2	互评3	教师	团队
专业能力(50分)	I/O电气安装（10分）、气路调试（5分）	位置正确、I/O端口进出线长度、颜色合理，工艺符合规范。气路调试正确有效。 □优(15) □良(12) □中(9) □差(5)						
	电气图的绘制（5分）、顺序功能图的绘制（5分）、控制程序的编写（5分）、编程软件的使用（5分）	图形绘制正确规范、程序正确、合理，操作规范。 □优(20) □良(16) □中(12) □差(8)						
	传感器的调试（5分）、功能调试（10分）	调试方法正确，工具仪器使用得当。 □优(15) □良(12) □中(9) □差(5)						
方法能力(30分)	独立学习的能力	能够独立学习新知识和新技能，完成工作任务。□优(10) □良(8) □中(6) □差(4)						
	分析并解决问题的能力	独立解决工作中出现的各种问题，顺利完成工作任务。□优(10) □良(8) □中(6) □差(4)						
	获取信息能力	通过网络、书籍、手册等整理资料，获取所需知识。□优(10) □良(8) □中(6) □差(4)						
社会能力(20分)	团队协作和沟通能力	团队成员之间相互沟通与协商，具备良好的群体意识，通力合作，圆满完成工作任务。 □优(10) □良(8) □中(6) □差(4)						
	工作责任心与职业道德	具备良好的工作责任心、群体意识和职业道德。注意劳动安全。 □优(10) □良(8) □中(6) □差(4)						
小计								
总分（总分 = 自评×15% + 互评×15% + 教师×30% + 团队×40%）								
评价教师		日期						
学生确认		日期						

任务二　搬运机械手单元的安装与调试

一、搬运机械手单元的主要组成与功能

搬运机械手单元由气动手爪、升降气缸、旋转气缸及磁性传感器等组成,其主要作用是把工件夹紧后,移送到运料小车上。其外观图如图 1-20 所示。

各组成部分说明如下:

1) 气动手爪:完成工件的抓取动作,由单向电磁换向阀控制。手爪夹紧时磁性传感器(磁性开关)有信号输出到 PLC,磁性开关 LED 亮。

2) 升降气缸:控制气动手爪的上升和下降,由单向电磁换向阀控制,有两个磁性开关检测升降气缸的位置。

3) 旋转气缸:控制机械手的旋转,由单向电磁换向阀控制,有两个磁性开关检测旋转气缸的位置。

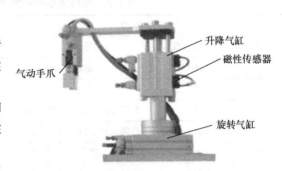

图 1-20　搬运机械手实物示意图

4) 磁性传感器(磁性开关):用于气缸的位置检测,共 5 个磁性传感器。当检测到气缸准确到位后将给 PLC 发出一个到位信号。磁性传感器的型号有 CS－30E、CS－9D、CS－15T(接线时注意:蓝色接"－",棕色接"PLC 输入端")。

二、任务描述

本任务只考虑搬运机械手单元独立运行时的情况,具体的控制要求为:

1) 设备上电和气源接通后,若搬运机械手单元升降气缸处于上升位置,气动手爪处于放松状态,旋转气缸处于顺转到位状态,则"正常工作"指示灯 HL1 常亮,表示设备准备好。否则,该指示灯 1Hz 频率闪烁。

2) 若设备准备好,按下起动按钮,工作单元起动,延时 2s 后,机械手手臂下降,气动手爪夹紧工件,机械手手臂上升,手臂旋转到位,手臂下降,手爪松开将工件放入运料小车,机械手手臂上升,机械手返回原位,等待下一个工件到位,重复上面的动作。

3) 若在运行中按下停止按钮,"正常工作"指示灯 HL1 灭,则在完成本工作周期任务后,本工作单元停止工作。

要求完成如下任务:

1) 规划 PLC 的 I/O 分配及接线端子分配。
2) 进行电气安装与检查。
3) 按控制要求编制 PLC 程序。
4) 进行调试与运行。

三、任务分析

(一) PLC 的 I/O 分配

根据任务要求,本实训装置 PLC 选用 FX_{2N}-48MT 主单元,共 24 点输入和 24 点晶体管输出。搬运机械手单元 PLC 的 I/O 信号分配见表 1-3,接线原理图如图 1-21 所示。图 1-21 中,磁性开关电源使用 PLC 内置的 DC24V 电源,单向电磁换向阀线圈电源使用外接的 DC24V。

表 1-3 搬运机械手单元 PLC 的 I/O 信号分配表

输入信号			输出信号		
序号	PLC 输入点	信号名称	序号	PLC 输出点	信号名称
1	X002	起动	1	Y003	旋转气缸电磁阀
2	X003	停止	2	Y004	升降气缸电磁阀
3	X012	升降气缸伸出到位传感器	3	Y005	气动手爪电磁阀
4	X013	升降气缸下降到位传感器	4	Y020	"正常工作"指示灯
5	X014	旋转气缸逆时针到位传感器			
6	X015	旋转气缸顺时针到位传感器			
7	X022	气动手爪夹紧限位传感器			

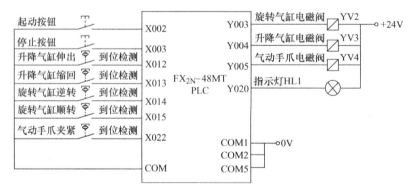

图 1-21 搬运机械手单元的 PLC I/O 接线原理图

(二) 搬运机械手单元控制的编程思路

1) PLC 上电后应首先进入初始状态检查阶段,确认系统已经准备就绪后,才允许投入运行,这样可及时发现存在的问题,避免出现事故。例如,若气缸在上电和气源接入时不在初始位置,这是气路连接错误的缘故,显然在这种情况下不允许系统投入运行。通常的 PLC 控制系统往往有这种常规的要求。

2) 搬运机械手单元运行的主要过程是搬运机械手的动作,它是一个顺序控制过程,如图 1-22 所示。

图 1-22 只是搬运机械手的动作流程,未考虑搬运机械手是否处于"原位"状态,当按下起动按钮,X002 = 1,S20 置位,步进到 S20,Y004 线圈得电,升降气缸电磁阀得电,升

降气缸执行下降，当升降气缸下降到位磁性传感器输出信号向 PLC 发出一个信号，X013 = 1，S21 置位，步进到 S21……其后过程请自行分析，这里不再赘述。

3）指示灯以 1Hz 频率闪烁，即指示灯的周期为 1s，亮 0.5s 灭 0.5s，实现的方式有两种，一是用两个定时器实现（每个定时器的计时时间为 0.5s），一是用 PLC 自带的特殊辅助继电器 M8013 实现，M8013 是 PLC 内部时钟脉冲信号，周期为 1s。搬运机械手原位条件是升降气缸处于上升位置，手爪气缸处于放松状态，旋转气缸处于顺转到位状态，原位梯形图表示方式如图 1-23 所示。

4）如果没有停止要求，顺控过程将周而复始地不断循环。常见的顺序控制系统正常停止要求是，接收到停止指令后，系统在完成本工作周期任务即返回到初始步后才复位运行状态停止下来。因此，图 1-24 给出了本任务的顺序功能图，其中辅助程序如图 1-25 所示。

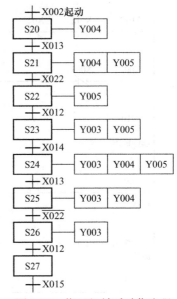

图 1-22 搬运机械手动作流程

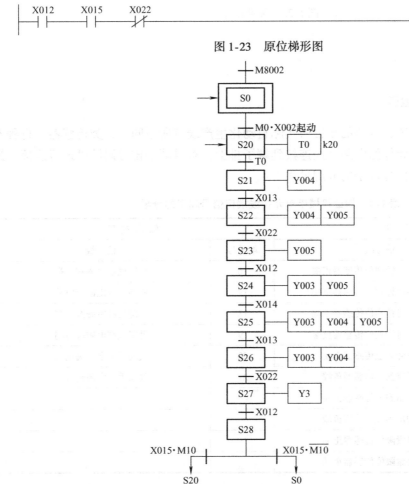

图 1-23 原位梯形图

图 1-24 搬运机械手单元顺序功能图

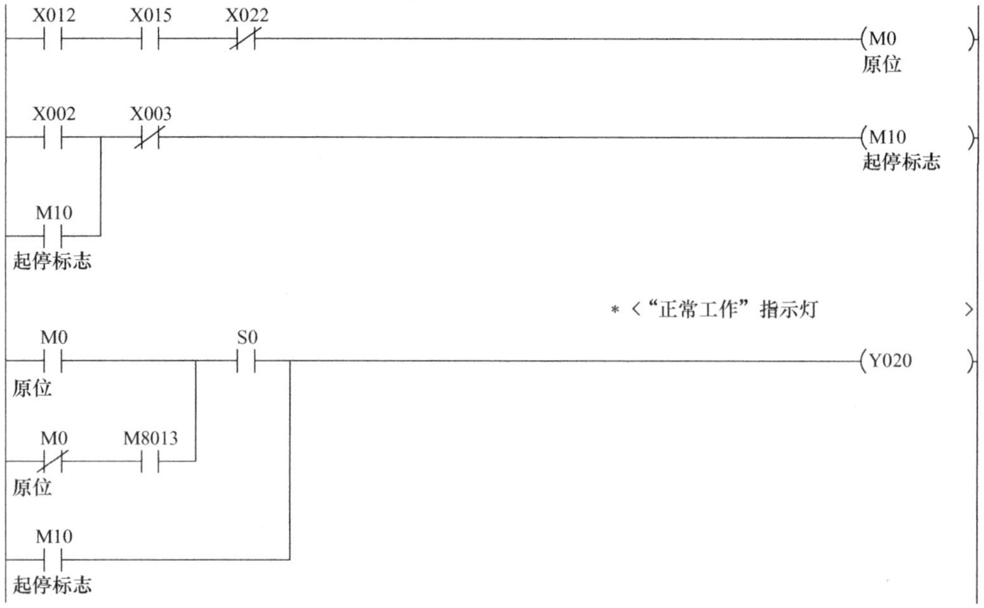

图 1-25 辅助程序

四、任务实施

(一) 电气安装与检查

本装置在设备的安装、线路的布置与实际自动化生产线有所不同,各类传感器、行程开关、电磁阀线圈和指示元件的电路已经连接到端子排上,查看端子排号码即可进行连接。搬运机械手单元接线端口信号端子的分配见表1-4。

表 1-4 搬运机械手单元接线端口信号端子的分配

输入端口		输出端口	
端子号	信号线	端子号	信号线
39	旋转气缸逆时针到位传感器正端	16	旋转气缸电磁阀正端
40	旋转气缸逆时针到位传感器负端	17	旋转气缸电磁阀负端
41	旋转气缸顺时针到位传感器正端	18	升降气缸电磁阀正端
42	旋转气缸顺时针到位传感器负端	19	升降气缸电磁阀负端
43	升降气缸下降到位传感器正端	20	气动手爪电磁阀正端
44	升降气缸下降到位传感器负端	21	气动手爪电磁阀负端
45	升降气缸伸出到位传感器正端		
46	升降气缸伸出到位传感器负端		
47	气动手爪夹紧限位传感器正端		
48	气动手爪夹紧限位传感器负端		

上料和搬运过程的自动控制 项目一

电气安装与检查步骤如下：

1）按照图1-21用插拔线将PLC输入输出端口与外部元件连接好。在安装过程中为了方便检查，选择红色导线连接电源正端、黑色导线连接电源负端和公共端（输入COM口和输出COM口）、黄色导线连接PLC输入口、绿色导线连接PLC输出口。电源正端、电源负端、公共端按一定的顺序进行串接。

2）上电，检测按钮信号是否有效。分别按下起动按钮和停止按钮，查看有无输入信号X002和X003，与此对应的PLC输入LED是否点亮。

3）接通气源后升降气缸初始位置为伸出位置，此时升降气缸伸出到位传感器检测到气缸位置，磁性传感器上的LED亮，PLC输入信号X012对应的LED亮。旋转气缸在顺时针旋转到位位置，此时旋转气缸顺时针旋转到位传感器检测到气缸位置，磁性传感器上的LED亮，PLC输入信号X015对应的LED亮。

4）利用电磁阀的手动开关使升降气缸执行下降，此时升降气缸下降到位传感器检测到气缸位置，传感器上的LED亮，PLC输入信号X013对应的LED亮；压合电磁阀手动开关使旋转气缸执行逆时针旋转，此时旋转气缸逆时针旋转到位传感器检测到气缸位置，传感器上的LED亮，PLC输入信号X014对应的LED亮；压合电磁阀手动开关使气动手爪执行夹紧，此时气动手爪夹紧限位传感器检测到手爪位置，传感器上的LED亮，PLC输入信号X022对应的LED亮。

（二）调试与运行

1）根据图1-24所示的搬运机械手单元顺序功能图和图1-25所示的辅助程序写出梯形图程序，录入梯形图程序，送入PLC，将PLC的工作状态开关放在"RUN"处，程序切换至监控状态。

2）原位检测。设备上电和气源接通，将三个气缸（旋转气缸、气动手爪、升降气缸）不置于初始位置，观察"正常工作"指示灯是否闪烁，将三个气缸（旋转气缸、气动手爪、升降气缸）置于初始位置，观察"正常工作"指示灯是否常亮。

3）搬运机械手动作调试。按下起动按钮，观察搬运机械手能否按要求正常动作，若出现问题，则应检查程序监控状态并及时修改。

4）停止功能调试。按下停止按钮，工作单元完成当前工作周期后是否停止，警示绿灯是否熄灭，若出现问题，则应检查程序监控状态并及时修改。

5）优化程序。

调试结果：搬运机械手按步执行相应动作，存在的问题是：机械手执行动作速度过快，不适合于生产过程。因此需对设计流程进行改进，将搬运机械手每个动作流程到位后进行延时，如图1-26所示，其他动作流程的延时请读者继续自行完成。

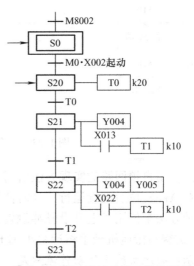

图1-26 优化后的搬运机械手单元部分顺序功能图

25

五、任务思考与评价

（一）任务思考

总结检查气动连线、传感器接线、I/O 检测及故障排除方法。试思考如下问题：

1) 如果气缸活塞杆伸出或缩回的速度过于缓慢，是什么原因？
2) 如果气动手爪夹紧过程过于缓慢，是什么原因？
3) 上电后，所有的磁性开关的 LED 均不亮，是什么原因？
4) 试编写只用一个按钮实现设备起动和停止的程序。

注意：用一个按钮实现设备起动和停止的程序是一个典型的程序，实现方法有多种，下面举两例说明。

用 SET 和 RST 指令实现的方法，梯形图如图 1-27a 所示，用自锁回路的实现方法，梯形图如图 1-27b 所示。

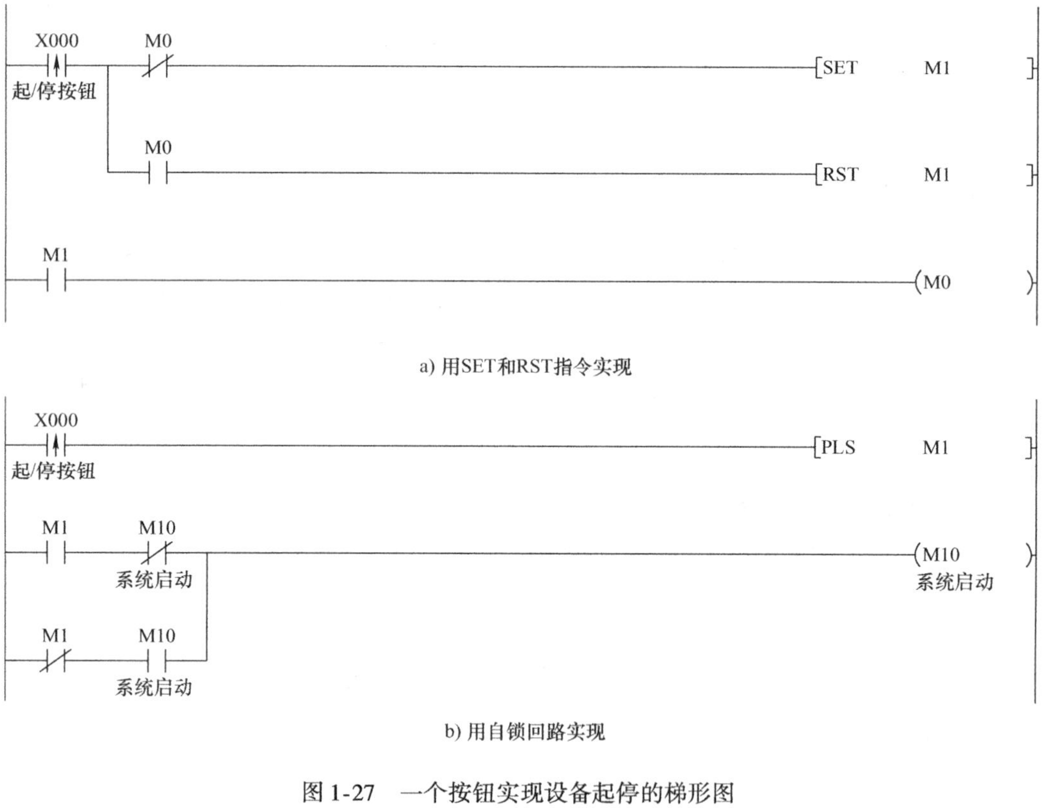

a) 用SET和RST指令实现

b) 用自锁回路实现

图 1-27 一个按钮实现设备起停的梯形图

显然，用自锁回路的实现方法所需步数更少，但在某些情况下，例如系统有紧急停止的要求，在急停复位后继续运行，这时使用置、复位指令会更为方便。

两种方法都使用了上升沿脉冲触发，并都使用了中间变量 M1，试分析其原因。

5) 试编写搬运机械手将运料小车上的工件搬送至传送带上后回原位的程序。

提示： 搬运机械手的动作流程是：旋转气缸执行逆转→升降气缸执行下降…

（二）任务评价

项目一 任务二		评价表　编号：02 搬运机械手单元的安装与调试		总学时：8				
团队负责人				团队成员				
评价项目		评定标准	自评	互评	互评	互评	教师	团队
专业能力 (50分)	I/O电气安装（10分）、气路调试（5分）	位置正确、I/O端口进出线长度、颜色合理，工艺符合规范。气路调试正确有效。 □优(15)　□良(12)　□中(9)　□差(5)						
	控制程序的编写（5分），电气图的绘制（5分）	科学、合理，工艺符合规范。 □优(10)　□良(8)　□中(6)　□差(4)						
	编程软件的熟练使用（6分），上下位机之间的程序传输（4分）	程序传输方法正确，编程软件的熟练程度。 □优(10)　□良(8)　□中(6)　□差(4)						
	传感器的调试（5分）、功能检测调试（10分）	调试方法正确，工具仪器使用得当。 □优(15)　□良(12)　□中(9)　□差(5)						
方法能力 (30分)	独立学习的能力	能够独立学习新知识和新技能，完成工作任务。 □优(10)　□良(8)　□中(6)　□差(4)						
	分析并解决问题的能力	独立解决工作中出现的各种问题，顺利完成工作任务。 □优(10)　□良(8)　□中(6)　□差(4)						
	获取信息能力	通过网络、书籍、手册等整理资料，获取所需知识。 □优(10)　□良(8)　□中(6)　□差(4)						
社会能力 (20分)	团队协作和沟通能力	团队成员之间相互沟通与协商，具备良好的群体意识，通力合作，圆满完成工作任务。 □优(10)　□良(8)　□中(6)　□差(4)						
	工作责任心与职业道德	具备良好的工作责任心、社会责任心、群体意识和职业道德。 □优(10)　□良(8)　□中(6)　□差(4)						
小计								
总分（总分＝自评×15%＋互评×15%＋教师×30%＋团队×40%）								
评价教师				日期				
学生确认				日期				

项目二 变频调速和步进调速在自动化生产线中的应用

> **学习目标**

1. 了解工作单元的组成及作用。
2. 能根据控制关系,正确分配 PLC 输入输出口,并完成电气安装。
3. 能正确设置变频器参数,使其能实现功能要求。
4. 能根据要求正确设置步进驱动器工作电流和细分精度,使其满足功能要求。
5. 能根据控制要求,编制工作程序。
6. 能进行系统调试,并进一步优化程序。

任务一 传送带输送单元的安装与调试

一、传送带输送单元的主要组成与功能

传送带输送单元是整个自动化生产线的第二个单元,当工件被上料气缸推出后,PLC 控制起动变频器,三相异步电动机以某一频率运行,传送带开始输送工件。工件分别经过第一、第二、第三传感器时,传感器会把检测到的信号传给 PLC,PLC 判别工件,为分类仓储单元做准备。工件被传送带运送到终点时,变频器停止运行,传送带停止工作。上料单元的上料气缸推出工件后,再重复上面的过程。其外观图如图 2-1 所示。

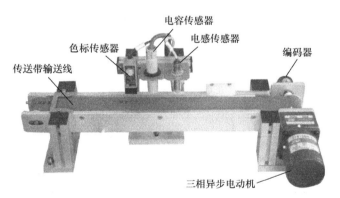

图 2-1 传送带输送单元外观图

各组成部分说明如下:

1) 电容传感器:检测金属材料,检测距离为 1~3mm,其型号是 E2K-X8ME1(接线注意:棕色接"+"、蓝色接"-"、黑色接输出)。

2) 电感传感器:检测铁质材料,检测距离为 1~3mm,其型号是 LE4-1K(接线注意:棕色接"+"、蓝色接"-"、黑色接输出)。

3) 色标传感器:用于检测颜色工件,检测距离为 2~8mm,通过传感器放大器的电位器可调,其型号是 KT3W-N1116(接线注意:棕色接"+"、蓝色接"-"、黑色接输出)。

4)编码器:计算工件从起点到某一位置所需的脉冲数。

5)传送带输送线:由三相异步电动机拖动,将工件输送到相应的位置。

6)三相异步电动机:驱动传送带转动,由变频器控制。

二、任务描述

本任务只考虑传送带输送单元独立运行时的情况,具体的控制要求为:

1)按下起动按钮SB1,PLC控制起动变频器,给三相异步电动机提供频率为25Hz的交流电,电动机运转带动传送带前进运行,传送带开始输送工件。工件分别经过第一、第二、第三传感器,到第三个传感器位置时停止,PLC判别工件。若为黄塑工件,延时3s后三相异步电动机以30Hz电源频率加速运送至传送带终点时,变频器停止运行,传送带停止,延时5s后,重复上述工作;若非黄塑工件,延时3s后三相异步电动机以35Hz电源频率加速后退运送至供料出口处,变频器停止运行,传送带停止工作。延时5s后,又重复上述工作。

2)若在运行中按下停止按钮,则在完成本工作周期任务后,本工作单元停止工作。

要求完成如下任务:

① 规划PLC的I/O分配及接线端子分配。

② 进行电气安装与检查。

③ 按控制要求编制PLC程序。

④ 进行调试与运行。

三、相关知识点

(一) 三菱FR-E740变频器简介

在本设备中,变频器选用三菱FR-E700系列变频器中的FR-E740-0.75K-CHT型,该变频器额定电压等级为三相400V,适用容量为0.75kW及以下的电动机。FR-E700系列变频器的外观和型号的定义如图2-2所示。

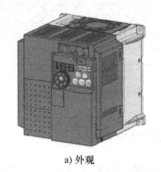
a) 外观

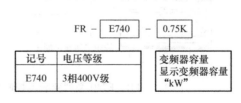
b) 型号定义

图2-2 FR-E700系列变频器

FR-E700系列变频器是一种小型、高性能变频器。FR-E740系列变频器主电路的通用接线如图2-3所示。

图中有关说明如下：

1）端子 P1、P/+ 之间用以连接直流电抗器，不需连接时，两端子间短路。

2）P/+ 与 PR 之间用以连接制动电阻器，P/+ 与 N/- 之间用以连接制动单元（选件）。本设备均未使用，故用虚线画出。

3）交流接触器 KM 用作变频器安全保护的目的，注意不要通过此交流接触器来起动或停止变频器，否则可能降低变频器寿命。在本设备中，没有使用这个交流接触器。

4）进行主电路接线时，应确保输入、输出端不能接错，即电源线必须连接至 R/L1、S/L2、T/L3，绝对不能接 U、V、W，否则会损坏变频器。

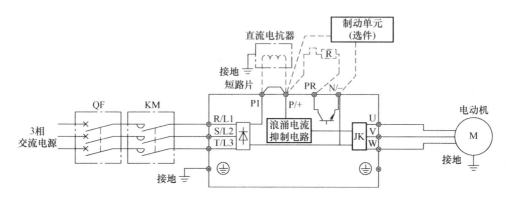

图 2-3　FR-E740 系列变频器主电路的通用接线

FR-E740 系列变频器控制电路的接线端子分布如图 2-4 所示。图 2-5 给出了控制电路接线图。

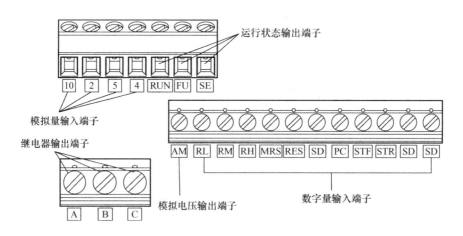

图 2-4　FR-E740 系列变频器控制电路接线端子分布图

图 2-5 中，控制电路端子信号分为数字量端子信号和模拟量端子信号，数字量端子信号有控制输入信号、继电器输出（异常输出）及集电极开路输出（状态检测），模拟量端子信号有频率设定（模拟量输入）和模拟电压输出，各端子的功能可通过调整相关参数的值进行变更，在出厂初始值的情况下，各控制电路端子的功能说明见表 2-1 ~ 表 2-3。

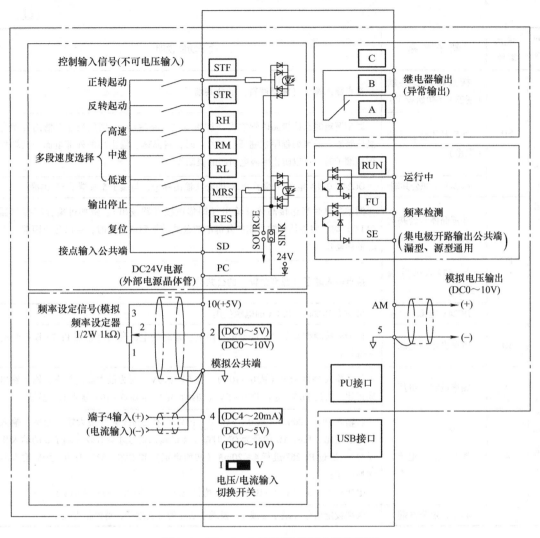

图 2-5 FR-E740 变频器控制电路接线图

表 2-1 控制电路输入端子的功能说明

种类	端子编号	端子名称	端子功能说明	
接点输入	STF	正转起动	STF 信号 ON 时为正转、OFF 时为停	STF、STR 信号同时 ON 时变成停止指令
	STR	反转起动	STR 信号 ON 时为反转、OFF 时为停止指令	
	RH、RM、RL	多段速度选择	用 RH、RM 和 RL 信号的组合可以选择多段速度	
	MRS	输出停止	MRS 信号 ON（20ms 或以上）时，变频器输出停止；用电磁制动器停止电动机时用于断开变频器的输出	
	RES	复位	用于解除保护电路动作时的报警输出。请使 RES 信号处于 ON 状态 0.1s 或以上，然后断开 初始设定为始终可进行复位。但进行了 Pr.75 的设定后，仅在变频器报警发生时可进行复位。复位时间约为 1s	

(续)

种类	端子编号	端子名称	端子功能说明
接点输入	SD	接点输入公共端（漏型）（初始设定）	接点输入端子（漏型逻辑）的公共端子
		外部晶体管公共端（源型）	源型逻辑时当连接晶体管输出（即集电极开路输出），例如当连接输出类型为晶体管输出的可编程序控制器（PLC）时，将晶体管输出用的外部电源公共端接到该端子时，可以防止因漏电引起的误动作
		DC24V电源公共端	DC24V 0.1A 电源（端子PC）的公共输出端子，与端子5及端子SE绝缘
	PC	外部晶体管公共端（漏型）（初始设定）	漏型逻辑时当连接晶体管输出（即集电极开路输出）、例如可编程序控制器（PLC）时，将晶体管输出用的外部电源公共端接到该端子时，可以防止因漏电引起的误动作
		接点输入公共端（源型）	接点输入端子（源型逻辑）的公共端子
		DC24V电源	可作为DC24V、0.1A的电源使用
频率设定	10	频率设定用电源	作为外接频率设定（速度设定）用电位器时的电源使用（按照Pr.73模拟量输入选择）
	2	频率设定（电压）	如果输入DC0~5V（或0~10V），在5V（10V）时为最大输出频率，输入输出成正比。通过Pr.73进行DC0~5V（初始设定）和DC0~10V输入的切换操作
	4	频率设定（电流）	若输入DC4~20mA（或0~5V，0~10V），在20mA时为最大输出频率，输入输出成正比。只有AU信号为ON时端子4的输入信号才会有效（端子2的输入将无效）。通过Pr.267进行4~20mA（初始设定）和DC0~5V、DC0~10V输入的切换操作；电压输入（0~5V/0~10V）时，请将电压/电流输入切换开关切换至"V"
	5	频率设定公共端	频率设定信号（端子2或4）及端子AM的公共端子，请勿接大地

表 2-2 控制电路接点输出端子的功能说明

种类	端子记号	端子名称	端子功能说明	
继电器	A、B、C	继电器输出（异常输出）	指示变频器因保护功能动作时输出停止的转换接点。异常时：B-C间不导通（A-C间导通），正常时：B-C间导通（A-C间不导通）	
集电极开路	RUN	变频器正在运行	变频器输出频率大于或等于起动频率（初始值为0.5Hz）时为低电平，已停止或正在直流制动时为高电平	
	FU	频率检测	输出频率大于或等于任意设定的检测频率时为低电平，未达到时为高电平	
	SE	集电极开路输出公共端	端子RUN、FU的公共端子	
模拟量	AM	模拟电压输出	可以从多种监示项目中选一种作为输出。变频器复位中不被输出。输出信号与监示项目的大小成比例	输出项目：输出频率（初始设定）

变频调速和步进调速在自动化生产线中的应用 项目二

表2-3 控制电路网络接口的功能说明

种 类	端子记号	端子名称	端子功能说明
RS485	—	PU接口	通过PU接口，可进行RS485通信。 ● 准规格：EIA-485（RS485） ● 传输方式：多站点通信 ● 通信速率：4800~38400bit/s ● 总长距离：500m
USB	—	USB接口	与个人计算机通过USB连接后，可以实现FRConfigurator的操作。 ● 接口：USB1.1标准 ● 传输速度：12Mbit/s ● 连接器：USB迷你-B连接器（插座：迷你-B型）

（二）变频器的操作面板的操作说明

（1）FR-E700系列变频器操作面板 FR-E700系列变频器的参数设置，通常利用固定在其上的操作面板实现。使用操作面板可以进行运行方式和输出频率的设定、运行指令监视、参数设定、错误表示等。操作面板如图2-6所示，其上半部为面板显示器，下半部为M旋钮和各种按键。它们的具体功能见表2-4和表2-5。

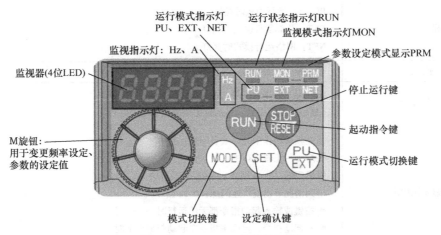

图2-6 FR-E700的操作面板

表2-4 旋钮、按键功能

旋钮和按键	功 能
M旋钮（三菱变频器旋钮）	旋动该旋钮用于变更频率设定和参数的设定值。按下该旋钮可显示以下内容： ● 监视模式时的设定频率 ● 校正时的当前设定值 ● 报警历史模式时的顺序
模式切换键 MODE	用于切换各设定模式。和运行模式切换键同时按下也可以用来切换运行模式。长按此键（2s）可以锁定操作

33

(续)

旋钮和按键	功 能
设定确定键 SET	各设定的确定 此外，当运行中按此键则监视器出现以下显示： 运行频率 → 输出电流 → 输出电压
运行模式切换键 PU/EXT	用于切换 PU/外部运行模式 使用外部运行模式（通过另接的频率设定电位器和起动信号起动的运行）时请按此键，使表示运行模式的 EXT 处于亮灯状态 切换至组合模式时，可同时按 MODE 键 0.5s，或者变更参数 Pr.79
起动指令键 RUN	在 PU 模式下，按此键起动运行 通过 Pr.40 的设定，可以选择旋转方向
停止运行键 STOP/RESET	在 PU 模式下，按此键停止运转 保护功能（严重故障）生效时，也可以进行报警复位

表 2-5　运行状态显示

显　示	功　能
运行模式显示	PU：PU 运行模式时亮灯 EXT：外部运行模式时亮灯 NET：网络运行模式时亮灯
监视器（4 位 LED）	显示频率、参数编号等
监视数据单位显示	Hz：显示频率时亮灯；A：显示电流时亮灯 （显示电压时熄灭，显示设定频率监视时闪烁）
运行状态显示 RUN	当变频器动作中亮灯或者闪烁；其中： 亮灯——正转运行中 缓慢闪烁（1.4s 循环）——反转运行中 下列情况下出现快速闪烁（0.2s 循环）： ● 按键或输入起动指令都无法运行时 ● 有起动指令，但频率指令在起动频率以下时 ● 输入了 MRS 信号时
参数设定模式显示 PRM	参数设定模式时亮灯
监视器显示 MON	监视模式时亮灯

在变频器不同的运行模式下，各种按键和 M 旋钮的功能各异。变频器的运行模式是指对输入到变频器的起动指令和设定频率的命令来源的指定。

外部运行模式是指使用控制电路端子、在外部设置电位器和开关输入起动指令，并设定频率；PU 运行模式是使用操作面板输入起动指令、设定频率的；通过 PU 接口进行 RS485 通信或使用通信选件的是"网络运行模式（NET 运行模式）"。在进行变频器操作以前，必须了解其任务中需采取哪种运行模式，才能进行各项操作。

FR-E700 系列变频器通过参数 Pr.79 的值来指定变频器的运行模式,设定值范围为 0—7;这 7 种运行模式的内容以及相关 LED 的状态见表 2-6 所示。

表 2-6　7 种运行模式的内容以及相关 LED 的状态

设定值	内容		LED 显示状态（■；灭灯 □；亮灯）	
0	外部/PU 切换模式,通过 PU/EXT 键可切换 PU 与外部运行模式 注意:接通电源时为外部运行模式		外部运行模式: EXT	PU 运行模式: PU
1	固定为 PU 运行模式		PU	
2	固定为外部运行模式 可以在外部、网络运行模式间切换运行		外部运行模式: EXT	网络运行模式: NET
3	外部/PU 组合运行模式 1		PU　EXT	
	频率指令	起动指令		
	用操作面板设定或用参数单元设定,或外部信号输入[多段速设定,端子 4-5 间(AU 信号 ON 时有效)]	外部信号输入(端子 STF、STR)		
	外部/PU 组合运行模式 2			
	频率指令	起动指令		
	外部信号输入(端子 2、4、JOG、多段速选择等)	通过操作面板的 RUN 键,或通过参数单元的 FWD、REV 键来输入		
6	切换模式 可以在保持运行状态的同时,进行 PU 运行、外部运行、网络运行的切换		RU 运行模式: PU 外部运行模式: EXT 网络运行模式: NET	
7	外部运行模式(PU 运行互锁) X012 信号 ON 时,可切换到 PU 运行模式(外部运行中输出停止) X012 信号 OFF 时,禁止切换到 PU 运行模式		PU 运行模式: PU 外部运行模式: EXT	

（2）变频器参数的设定　变频器参数的出厂设定值被设置为可以完成简单的变速运行。如需按照负载和操作要求设定参数,则应进入参数设定模式（PRM 灯亮）,先选定参数号,然后设置其参数值。

设定参数分两种情况:一种是停机（STOP）方式下设定参数,可设定所有参数;另一种是在运行时设定,只允许设定部分参数,但是可以核对所有参数号及参数值。表 2-7 所示是参数设定过程的一个例子,当前运行模式为 $\dfrac{PU}{EXT}$ 切换模式（Pr.79 = 0）,按步骤所完成的操作是把参数 Pr.1（上限频率）从出厂设定值 120.0Hz 变更为 50.0Hz。若当前运行模式是 PU 模式（Pr.79 = 1），设置参数的步骤从第 3 步开始；若当前运行模式是外部（EXT）运行模式（Pr.79 = 2），则不能按 $\frac{PU}{EXT}$ 键进行模式切换，由于大部分参数不能在外部运行模式下进行设置，因此建议设置参数时请先把运行模式设置为 $\frac{PU}{EXT}$ 切换模式（Pr.79 = 0）或 PU 模式（Pr.79 = 1）。

表 2-7 变更参数值设置步骤

设置步骤	操　作	显　示
1	电源接通时显示的监视器画面	0.00，EXT 指示灯亮
2	按 $\frac{PU}{EXT}$ 键，进入 PU 运行模式	PU 指示灯亮
3	按 MODE 键，进入参数设定模式	P0
4	旋转 M 旋钮，将参数编号设定为 P1	P1
5	按 SET 键，读取当前的设定值	120.0
6	旋转 M 旋钮，将参数编号设定为 50.00Hz	50.00
7	按 SET 键确定	闪烁

（3）参数清除　如果在参数调试过程中遇到问题，并且希望重新开始调试，可用参数清除操作方法实现。即在 PU 运行模式下，按 MODE 键进入参数设定模式（PRM 灯亮），用 M 旋钮选择参数编号为 Pr.CL 和 ALLC，分别设定 Pr.CL（参数清除）、ALLC（参数全部清除）均为"1"，可使参数恢复为初始值。操作步骤见表 2-8（当前运行模式为 $\frac{PU}{EXT}$ 切换模式）。但如果设定 Pr.77（参数写入选择）= "1"，则无法清除。

表 2-8 恢复出厂设定值设置步骤

设置步骤	操　作	显　示
1	电源接通时显示的监视器画面	0.00，EXT 指示灯亮
2	按 $\frac{PU}{EXT}$ 键，进入 PU 运行模式	PU 指示灯亮
3	按 MODE 键，进入参数设定模式	P0
4	旋转旋钮，将参数编号设定为 ALLC	ALLC
5	按 SET 键，读取当前的设定值。	0
6	旋转 M 旋钮，将值设定为 1	1
7	按 SET 键确定	闪烁

（4）常用参数含义　FR - E700 变频器有几百个参数，在实际使用时，需要根据使用现场的要求设定部分参数，其余按出厂设定即可。一些常用参数，例如变频器驱动电动机的规格、运行频率的限制、参数的初始化以及电动机的起动、运行和调速、制动等命令的来源、频率的设置等方面，则是需要熟悉的。

下面介绍一些常用参数的设定。关于参数设定更详细的说明请参阅 FR - E700 使用手册。

1) 输出频率的限制（Pr. 1、Pr. 2、Pr. 18、Pr. 13）。

为了限制电动机的速度，应对变频器的输出频率加以限制。用 Pr. 1（上限频率）和 Pr. 2（下限频率）来设定，可将输出频率的上、下限钳位。

当在 120Hz 以上运行时，用参数 Pr. 18（高速上限频率）设定高速输出频率的上限。若设定了 Pr. 18，则 Pr. 1 自动切换成 Pr. 18 的频率。另外，若设定了 Pr. 1，则 Pr. 18 自动切换成 Pr. 1 的频率。

Pr. 1 与 Pr. 2 出厂设定范围为 0~120Hz，出厂设定值分别为 120Hz 和 0Hz。Pr. 18 出厂设定范围为 120~400Hz。输出频率和设定频率的关系如图 2-7 所示。

Pr. 13 参数设定范围为 0~60Hz，设定起动信号变为 ON 时的起动频率，如图 2-8 所示。当频率设定信号未达到 Pr. 13 时，变频器不起动。例如，Pr. 13 设定为 5Hz 时，变频器输出则从频率设定信号变为 5Hz 时开始。

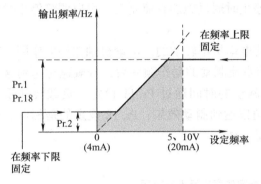

图 2-7 输出频率与设定频率关系

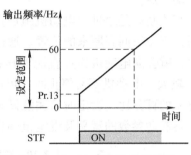

图 2-8 Pr. 13 参数设定示意图

2) 加减速时间（Pr. 7、Pr. 8、Pr. 20、Pr. 21）。

Pr. 20 为加/减速基准频率，在我国选为 50Hz。Pr. 7（加速时间）用于设定从停止到加/减速基准频率的加速时间。Pr. 8（减速时间）用于设定从加减速基准频率到停止的减速时间。各参数的意义及设定范围见表 2-9。

表 2-9 加减速时间相关参数的意义及设定范围

参数号	参数意义	出厂设定	设定范围	备注
Pr. 7	加速时间	5s	0~3600/360s	根据 Pr. 21（加减速时间单位）的设定值进行设定。初始值的设定范围为"0~3600s"、设定单位为 0.1s
Pr. 8	减速时间	5s	0~3600/360s	
Pr. 20	加/减速基准频率	50Hz	1~400Hz	
Pr. 21	加/减速时间单位	0	0/1	0：0~3600s；单位：0.1s 1：0~360s；单位：0.01s

一般通过下列公式设定加速时间。

$$加速时间设定值 = \frac{Pr. 20}{最大使用频率 - Pr. 13} \times 从停止到最大使用频率的加速时间$$

通过下列公式设定减速时间。

$$减速时间设定值 = \frac{Pr.20}{最大使用频率 - Pr.13} \times 从最大使用频率到停止的减速时间$$

假设 Pr.20 = 50Hz（初始值）、Pr.13 = 0.5Hz，从停止到最大使用频率 40Hz 的加速时间为 10s 时，则需设定

$$Pr.7 = \frac{50Hz}{40Hz - 0.5Hz} \times 10s \approx 12.7s$$

假设 Pr.20 = 120Hz、Pr.13 = 3Hz，从最大使用频率 50Hz 到停止的减速时间为 10s 时，则需设定

$$Pr.8 = \frac{120Hz}{50Hz - 3Hz} \times 10s \approx 25.5s$$

3）直流制动（Pr.10 ~ Pr.12）。

若工作任务要求减速时间不能太小，且在工件高速移动下准确定位停车，以便把工件推出，这时常常需要使用直流制动方式。电动机停止时通过施加直流制动，可以调整停止时间和制动转矩。

直流制动是通过向电动机施加直流电压来使电动机不转动的。电动机轴在外力作用下转动后，将无法回到原来的位置。通过 Pr.10 设定直流制动的动作频率后，若减速时达到这个频率，就会向电动机施加直流电压；施加直流制动的时间通过 Pr.11 设定，负载转动惯量（J）较大、电动机不易停止时，可以增大设定值以达到制动效果；Pr.12 设定的是相对于电源电压的百分比。设定时请注意设定值的单位是"%"。

各制动参数的意义及设定范围见表 2-10。

表 2-10 直流制动各制动参数的意义及设定范围

参数编号	名称	初始值	设定范围	内容
10	直流制动动作频率	3Hz	0 ~ 120Hz	直流制动的动作频率
11	直流制动动作时间	0.5s	0	无直流制动
			0.1 ~ 10s	直流制动的动作时间
12	直流制动动作电压	4%	0 ~ 30%	直流制动电压（转矩）设定为"0"时，无直流制动

4）多段速设定（Pr.4 ~ Pr.6、Pr.24 ~ Pr.27、Pr.232 ~ Pr.239）。

在外部操作模式或组合操作模式 2 下，变频器可以通过外接的开关器件的组合通断改变输入端子的状态来实现调速。这种控制频率的方式称为多段速控制功能。

FR-E740 变频器的速度控制端子是 RH、RM 和 RL。通过这些开关的组合可以实现 3 ~ 7 段的控制，通过更改 STF 或 STR 端子功能，使其成为速度端子 REX，就可以用 RH、RM、RL 和 REX 通断的组合来实现 15 段速。详细的说明请参阅 FR-E700 使用手册。

转速的切换：3 段速由 RH、RM、RL 单个通断来实现。7 段速由 RH、RM、RL 通断的组合来实现。7 段速的各自运行频率则由参数 Pr.4 ~ Pr.6（设置前 3 段速的频率）、Pr.24 ~ Pr.27（设置第 4 段速至第 7 段速的频率）。对应的控制端状态及参数关系如图 2-9 所示。

由图 2-9 可以看出，七段速与速度端子的关系如下：

1 速：RH 单独接通，Pr.4 设定频率；2 速：RM 单独接通，Pr.5 设定频率；3 速：RL

单独接通，Pr.6 设定频率；4 速：RM、RL 同时接通，Pr.24 设定频率；5 速：RH、RL 同时接通，Pr.25 设定频率；6 速：RH、RM 同时接通，Pr.26 设定频率；7 速：RH、RM、RL 全通，Pr.27 设定频率。

（6）通过模拟量输入（端子 2、4）设定频率 变频器的频率设定，除了用 PLC 输出端子控制多段速度设定外，也有连续设定频率的需求。例如在变频器安装和接线完成进行运行试验时，常常用调速电位器连接到变频器的模拟量输入信号端进行连续调速试验。需要注意的是，如果要用模拟量输入（端子 2、4）设定频率，则 RH、RM、RL 端子应断开，否则多段速度设定优先。

参数编号	初始值	设定范围	备注
4	50Hz	0～400Hz	
5	30Hz	0～400Hz	
6	10Hz	0～400Hz	
24～27	9999	0～400Hz、9999	9999 未选择

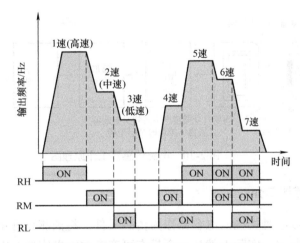

图 2-9 多段速控制对应的控制端状态及参数关系

FR－E700 系列变频器提供两个模拟量输入信号端子（端子 2、4）用作连续变化的频率设定。在出厂设定情况下，只能使用端子 2，端子 4 无效。

要使端子 4 有效，需要在各接点输入端子 STF、STR、…、RES 之中选择一个，将其功能定义为 AU 信号输入。则当这个端子与 SD 端短接时，AU 信号为 ON，端子 4 变为有效，端子 2 变为无效。

若选择 RES 端子用作 AU 信号输入，则需要设置参数 Pr.184 = "4"，在 RES 端子与 SD 端之间连接一个开关，当此开关断开时，AU 信号为 OFF，端子 2 有效；反之，当此开关接通时，AU 信号为 ON，端子 4 有效。一般情况下，使用端子 2 作为模拟量输入信号端。

如果使用端子 2，模拟量信号可为 0～5V 或 0～10V 的电压信号，用参数 Pr.73 指定，其出厂设定值为 1，指定为 0～5V 的输入规格，并且不能可逆运行。

（三）色标传感器简介

色标传感器又叫光电检测传感器（俗称光电头、光电眼），其基本工作原理是采用光发射接收原理,发出调制光,接收被测物体的反射光,并根据接收光信号的强弱来区分不同的颜色,或判别物体的存在与否。色标是指以某种颜色的为标本或标准。

色标传感器的种类有多种,可按光源和测量模式进行分类,但基本工作原理相同。本单元采用的色标传感器是SICK色标传感器,型号是KT3W-N1116。

(四) 电感传感器简介

电感传感器又称电感式接近开关,属于一种有开关量输出的位置传感器,它由LC高频振荡器和放大处理电路组成,利用金属物体在接近这个能产生电磁场的振荡感应头时,使物体内部产生涡流。这个涡流反作用于接近开关,使接近开关振荡能力衰减,内部电路的参数发生变化,由此识别出有无金属物体接近,进而控制开关的通或断。这种接近开关所能检测的物体必须是金属物体。在本单元使用过程中,通过调整其接近距离,使用其来检测铁质材料。其工作原理图如图2-10所示。

本单元采用的电感传感器是克特电感传感器,型号为LE4-1K。

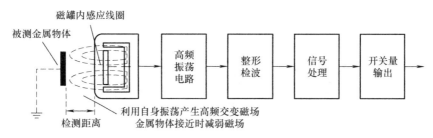

图2-10 电感传感器工作原理图

(五) 电容传感器简介

电容传感器是以各种类型的电容器作为传感元件,将被测物理量或机械量转换成为电容量变化的一种转换装置,实际上就是一个具有可变参数的电容器。电容传感器广泛应用于位移、角度、振动、速度、压力、成分分析及介质特性等方面的测量。

电容传感器亦属于一种具有开关量输出的位置传感器,它的测量头通常是构成电容器的一个极板,而另一个极板是物体的本身,当物体移向传感器时,物体和传感器的介电常数发生变化,使得和测量头相连的电路状态也随之发生变化,由此便可控制开关的接通和关断。这种传感器能检测的物体,并不限于金属导体,也可以是绝缘的液体或粉状物体,在检测具有较低介电常数 ε 的物体时,可以顺时针调节多圈电位器来增加感应灵敏度。在本单元使用过程中,通过调整其感应灵敏度,使用其来检测金属材料。其工作原理图如图2-11所示。

本单元采用的电容传感器是OMRON电容传感器,型号为E2K-X8ME1。

(六) 旋转编码器简介

旋转编码器是通过光电转换,将输出轴的机械、几何位移量转换成脉冲或数字信号的传感器,分为增量式旋转编码器和绝对式旋转编码器,主要用于速度或位置(角度)的检测。

(1) 增量式旋转编码器 是用于输出"电脉冲"表征位置和角度信息。一圈内的脉冲

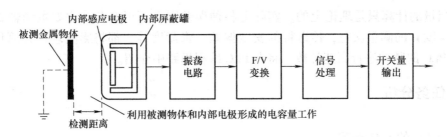

图 2-11 电容传感器工作原理图

数代表了分辨率。位置的确定方式是以某一位置为零位，依靠累加相对于零位位置的输出脉冲数。初始上电时，需要找一个相对零位（即初始参考点）来确定绝对的位置信息。

（2）绝对式旋转编码器 通过输出唯一的数字码来表征绝对位置、角度或转数信息。此类编码器将唯一的数字码分配给每一个确定角度。圈内的这些数字码的个数代表了单圈的分辨力。绝对式旋转编码器的每一个位置对应一个确定的数字码，因此它的示值只与测试的起始和终止位置有关，而与测量的中间过程无关。

增量式旋转编码器在自动化生产线上的应用十分广泛，其结构是由码盘和光电检测装置组成，工作原理如下：随电动机转轴一起转动的码盘上有均匀刻制的光栅，在码盘上均匀地分布着若干个透光区段和遮光区段，光源通过码盘上若干个长方形狭缝穿透，每转过一个透光区时，经发光二极管等电子元件组成的检测装置输出一个脉冲信号，计数器当前值加 1，计数结果对应于转角的增量，通过计算每秒旋转编码器输出脉冲的个数就能反映当前电动机的转速。其原理示意图如图 2-12 所示。

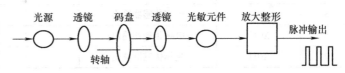

图 2-12 旋转编码器原理示意图

增量式编码器通常利用光电转换原理输出脉冲 A、B 和 Z 相 3 组方波提供旋转方向的信息，如图 2-13 所示。A、B 两组脉冲相位差为 90°。当 A 相脉冲超前 B 相时为正转方向，而 B 相脉冲超前 A 相时则为反转方向。Z 相为每转一个脉冲，用于基准定位。

传送带输送单元使用了这种 A、B 两相具有 90°相位差的通用型旋转编码器，用于计算工件在传送带上的位置。编码器与传送带的主动轴直接

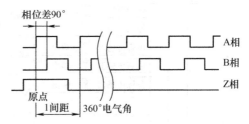

图 2-13 增量式编码器输出的三组方波

连接。该旋转编码器的三相脉冲采用 NPN 型集电极开路输出，分辨率为 500 线，工作电源 DC12~24V。本工作单元没使用 Z 相脉冲，A、B 两相输出端直接连接到 PLC（FX_{2N}-48MT）的高速计数器输入端。

计算工件在传送带上的位置时，需确定每两个脉冲之间的距离即脉冲当量。若电动机主轴的直径 $d=43mm$，则电动机每旋转 1 周，传送带上工作移动距离 $L = \pi d = 3.14 \times 43mm = 135.02mm$。故脉冲当量 $\mu = L/500 \approx 0.27mm$。按照安装尺寸，若供料口到搬运机械手正下方的距离为 350mm，则旋转编码器发出的脉冲数为 $\dfrac{距离}{脉冲当量} = \dfrac{350}{0.27} = 1296$。注意，上面提

到的脉冲当量的计算只是理论上的。实际上各种误差因素不可避免，比如主动轴直径（包括传送带厚度）的测量误差，传送带的安装偏差、张紧度等，都将影响理论计算值。如何对输入到 PLC 的脉冲进行高速计数，将在 PLC 编程思路中介绍。

四、任务分析

（一）PLC 的 I/O 分配

根据任务要求，本实训装置 PLC 选用 FX_{2N}-48MT 主单元，共 24 点输入和 24 点晶体管输出。传送带输送单元 PLC 的 I/O 信号分配见表 2-11，接线原理图如图 2-14 所示。图 2-14 中，传感器电源使用外接的 DC24V，变频器输入电源为 AC380V。

表 2-11 传送带输送单元 PLC 的 I/O 信号分配表

输入信号			输出信号		
序号	PLC 输入点	信号名称	序号	PLC 输出点	信号名称
1	X000	编码器 A 相脉冲输出	1	Y014	变频器 STF
2	X001	编码器 B 相脉冲输出	2	Y015	变频器 STR 和 RH
3	X002	起动按钮	3	Y016	变频器 RM
4	X003	停止按钮	4	Y017	变频器 RL
5	X007	电容传感器输出			
6	X010	电感传感器输出			
7	X011	色标传感器输出			

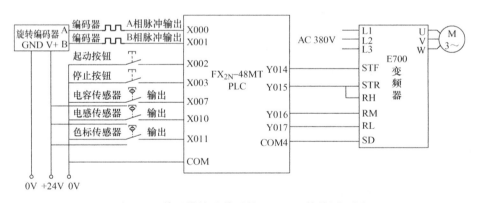

图 2-14 传送带输送单元的 PLC I/O 接线原理图

（二）传送带输送单元控制的编程思路

1）传送带输送单元中的 3 个传感器可实现对工件 6 种材质的判别，分别是黄铝、黄铁、黄塑、红铝、红铁、红塑。按照图 2-14 进行电气连接，并且对 3 个传感器进行调整，将 6 个不同工件分别放至 3 个传感器的正下方，观察 PLC 的输入信号有无，现已经对色标传感器进行颜色标本调整，根据已给相关信息完成表 2-12。

变频调速和步进调速在自动化生产线中的应用

表 2-12 输入信号说明表

工件材质	输入信号		
	电容传感器（X007）	电感传感器（X010）	色标传感器（X011）
黄铝	X007 = 1	X010 = 0	X011 = 1
黄铁			
黄塑			
红铝			
红铁			
红塑			

从表 2-12 可以进一步看出这 3 个传感器的作用，经排列组合可以区分工件 6 种材质。

2）高速计数器的编程。高速计数器是 PLC 的编程软元件，用于频率高于机内扫描频率的机外脉冲数，当计数器的当前值等于设定值时，计数器的输出接点立即工作。高速计数器均有断电保持功能，通过参数设定也可变为非断电保持。

为什么高速计数器能对高速脉冲进行计数呢？这是因为高速计数器的工作方式是中断工作方式，而中断工作方式跟 PLC 的扫描周期无关，所以高速计数器能对频率较高的脉冲进行计数。由于高速计数器具有这样的特点，所以它可以应用于编码器脉冲输入测速、定位等场合。

FX_{2N} 型 PLC 内置有 21 点高速计数器 C235 ~ C255，高速计数器信号只能由输入端口 X 输入，它只能与输入端口 X000 ~ X007 配合使用，其中 X006、X007 只能用作起动信号输入或复位信号输入，而不能作计数信号，所以实际上只有 6 个高速计数器输入端口。因为只有 6 个高速计数器输入端口，虽然高速计数器有 21 个，但是最多只能同时使用 6 个，即某一个输入端已被某个高速计数器占用，它就不能再用于其他高速计数器，也不能用作它用。各高速计数器的功能和占用的输入点见表 2-13。

表 2-13 高速计数器 C235 ~ C255 的功能和占用的输入点

	计数器输入	X000	X001	X002	X003	X004	X005	X006	X007
单相单计数输入	C235	U/D							
	C236		U/D						
	C237			U/D					
	C238				U/D				
	C239					U/D			
	C240						U/D		
	C241	U/D	R						
	C242			U/D	R				
	C243					U/D	R		
	C244	U/D	R					S	
	C245			U/D	R				S
单相双计数输入	C246	U	D						
	C247	U	D	R					
	C248				U	D	R		
	C249	U	D	R				S	
	C250				U	D	R		S

（续）

计数器输入		X000	X001	X002	X003	X004	X005	X006	X007
双相	C251	A	B						
	C252	A	B	R					
	C253				A	B	R		
	C254	A	B	R				S	
	C255				A	B	R		S

注：U 表示加计数输入；D 为减计数输入；B 表示 B 相输入；A 为 A 相输入；R 为复位输入；S 为置位输入。

单相单计数输入高速计数器（C235～C245）的触点动作与 32 位增/减计数器相同，可进行增或减计数（取决于特殊辅助继电器 M8235～M8245 的状态）。表 2-13 中，C245 占用 X002 作为高速计数输入点，当对应的特殊辅助继电器 M8245 被置位时，作减序计数，当对应的特殊辅助继电器 M8245 被复位时，作增序计数。C245 还占用 X003 和 X007 分别作为该计数器的外部复位和置位输入端。

C246～C250 共 5 个单相双计数输入高速计数器，这类高速计数器具有两个输入端，一个为增计数输入端，另一个为减计数输入端。利用 M8246～M8250 的 ON/OFF 动作可监控 C246～C250 的增/减计数动作。表 2-13 中，C250 占 X003 作为增计数输入，占用 X004 作为减计数输入，另外占用 X005 作为外部复位输入端，占用 X007 作为外部置位输入端。

C251～C255 共 5 个双相高速计数器。A 相和 B 相信号决定计数器是增计数还是减计数。当 A 相为 ON 时，B 相由 OFF 到 ON，则为增计数；当 A 相为 ON 时，若 B 相由 ON 到 OFF，则为减计数，如图 2-15 所示。利用 M8251～M8255 可监控 C251～C255 的增/减计数动作。

图 2-15　增减计数脉冲

由于外部高速计数源（旋转编码器输出）已经连接到 PLC 的输入端，那么在程序中即可直接使用相对应的高速计数器进行计数。每一个高速计数器都规定了不同的输入点，例如使用 X000 作为高速计数器 C235 的输入点，其他的高速计数器就不能再占用 X000。

下面以现场测试工件被推出供料出口到机械手正下方位置所需的脉冲数为例，说明高速计数器的一般使用方法。

如图 2-16 所示，首先接通 X004，高速计数器 C235 复位，在监视模式下可以看到 C235 的计数为 K0。利用上料电磁阀手动开关将工件从料筒内推出至传送带上，点动 X002 信号，传送带以 RM 端子对应的频率正转运行，高速计数器 C235 开始计数，当到达机械手正下方位置时停止，观察此时 C235 的计数值，该值即为供料口到机械手正下方位置所需的脉冲数，建议测试 3 次后取平均值作为最终脉冲值。

3）传送带输送单元的编程。传送带输送单元的运行是一个步进顺序控制过程，根据任务要求包含了选择序列，其中顺序功能图如图 2-17 所示，工件材质判别程序如图 2-18 所示。

变频调速和步进调速在自动化生产线中的应用 项目二

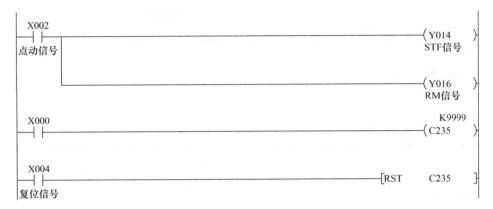

图 2-16 脉冲测试程序

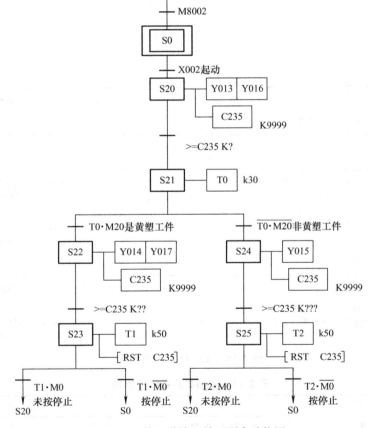

图 2-17 传送带输送单元顺序功能图

图 2-17 中脉冲数请自行测试,【K?】是指从工件被推出的出口位置到第三个传感器位置时的脉冲数,【K??】是指从工件被推出的出口位置至传送带终端位置时的脉冲数,【K???】是指从工件被推出的出口位置至第三个传感器位置处,再从第三个传感器位置处返回至工件被推出的出口位置的总脉冲数,理论上脉冲数【K???】的值是【K?】两倍。M0 的附加程序请自行编写,这里不再赘述。变频器的参数设置见表 2-14。

45

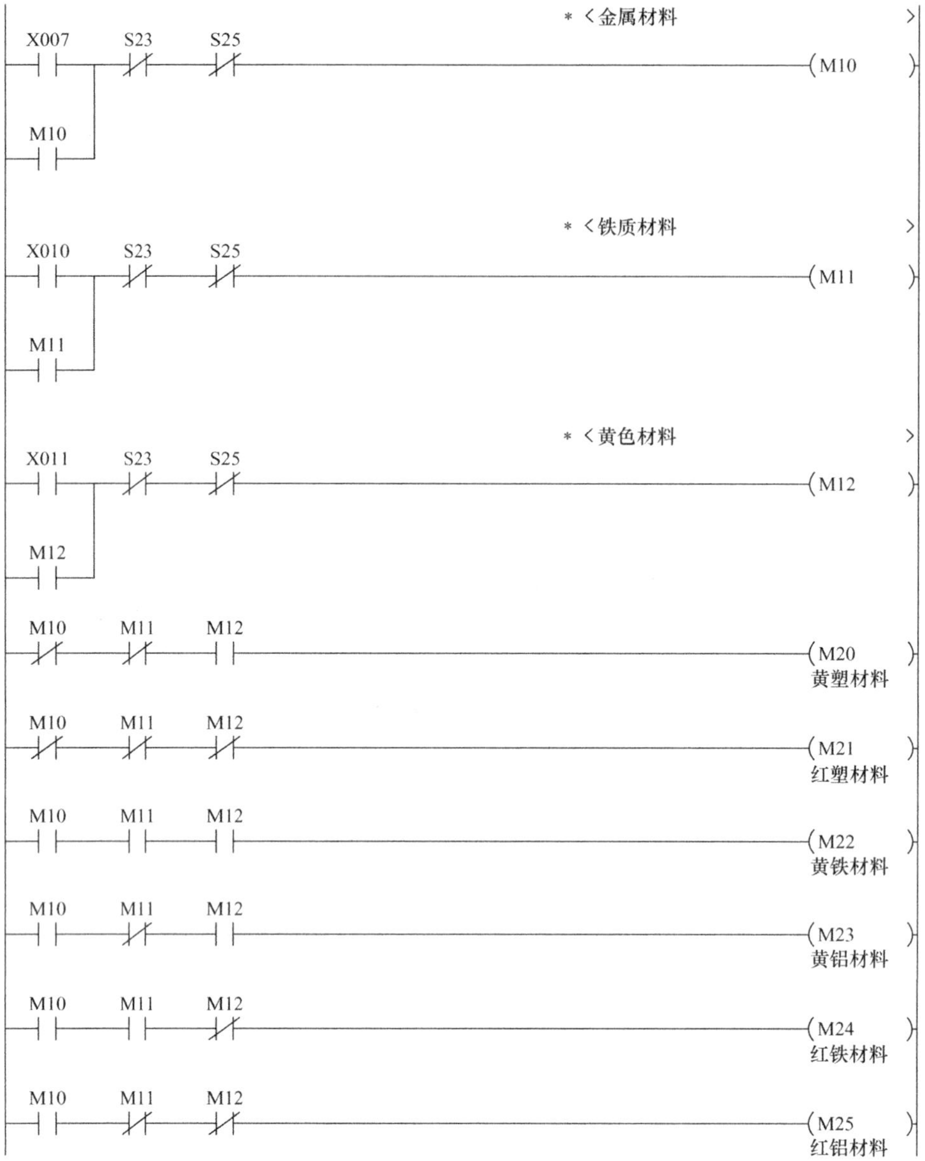

图 2-18 工件材质判别程序

表 2-14 变频器的参数设置表

参 数 名 称	参 数 号	设 定 值
运行模式	Pr. 79	2
多段速（RH）	Pr. 4	35
多段速（RM）	Pr. 5	25
多段速（RL）	Pr. 6	30
加速时间	Pr. 7	0
减速时间	Pr. 8	0

变频调速和步进调速在自动化生产线中的应用

五、任务实施

（一）电气安装与检查

本装置各类传感器电路已经连接到端子排上了，查看端子排号码即可进行连接，传送带输送单元接线端口信号端子分配见表 2-15。DC24V 来源于电源模块，变频器的主电路端子和控制电路端子均已连接到面板上，无需分配端子号。

表 2-15 传送带输送单元接线端口（输入端口）信号端子的分配

端子号	信号线	端子号	信号线
56	电容传感器正端	63	色标传感器负端
57	电容传感器负端	64	色标传感器信号输出端
58	电容传感器信号输出端	67	编码器正端
59	电感传感器正端	68	编码器负端
60	电感传感器负端	69	编码器 A 相输出
61	电感传感器信号输出端	70	编码器 B 相输出
62	色标传感器正端		

电气安装与检查步骤如下：

1）按照图 2-14 用插拔线将 PLC 输入输出端口与外部元件连接好。

2）上电，检测按钮信号是否有效。分别按下起动按钮和停止按钮，查看有无输入信号 X002 和 X003，与此对应的 PLC 输入 LED 是否点亮。

3）轻轻来回推动传送带，观察 PLC 输入信号 X000 和 X001 的 LED 有无闪烁，若有，编码器工作正常，有脉冲信号输出。

4）将铝质工件和铁质工件依次放在电容传感器下方，观察有输入信号 X007，与此对应的 PLC 输入 LED 点亮，将塑料工件放在电容传感器下方，观察无输入信号 X007，则电容传感器正常工作。

5）将铁质工件放在电感传感器下方，观察有输入信号 X010，将铝质工件放在电感传感器下方，观察无输入信号 X010，则电感传感器正常工作。若电感传感器亦能检测到铝质工件，则应调整电感传感器检测距离，使其不能识别铝质工件。

6）将黄色工件放在色标传感器下方，观察有输入信号 X011，将红色工件放在色标传感器下方，观察无输入信号 X011，则色标传感器工作正常。

7）按表 2-14 设置变频器参数，利用变频器模块上的调试开关测试变频器运行是否正常。

（二）调试与运行

1）按照图 2-16 所示，以工件被推出的出口位置为基点，测试 3 个位置的脉冲数。

2）根据图 2-17 和图 2-18 编写录入梯形图程序，送入 PLC，将 PLC 的工作状态开关放在 "RUN" 处，程序切换至监控状态。

3）工作单元运行调试。按下起动按钮，传送带是否起动，观察变频器运行频率是否符合要求，在程序监控状态下监控工件材质判别是否正确，若出现问题，及时修改。

当工件是黄塑材质时，工件的运行规律是否符合要求；当工件非黄塑材质时，工件的运行规律是否符合要求,若出现问题,则应检查程序监控状态并及时修改。

4)停止功能调试。按下停止按钮,工作单元完成当前工作周期后是否停止,若出现问题,则应检查程序监控状态并及时修改。

六、任务思考与评价

(一)任务思考

试思考:在调试过程中,当铁质工件经过色标传感器位置时,色标传感器会动作,是什么原因?该怎样优化程序?

(二)任务评价

评价表　　编号:03

项目二 任务一		传送带输送单元的安装与调试		总学时:10				
团队负责人			团队成员					
评价项目		评定标准		自评	互评1	互评2	互评3	教师	团队
专业能力 (50分)	I/O电气安装(5分)、气路检查与调试(2分)、传感器检查(3分)	I/O端口进出线长度、颜色合理,工艺符合规范。气路调试合理、传感器检查方法正确有效。 □优(10) □良(8) □中(6) □差(4)						
	变频器的使用(6分),参数设置(4分)	使用方法正确规范(PU操作和EXT操作)。 □优(10) □良(8) □中(6) □差(4)						
	定位脉冲数的测定(5分)、电气图绘制与控制程序的编写(10分)、编程软件的使用(5分)	科学、合理,操作规范。 □优(20) □良(16) □中(12) □差(8)						
	功能检测调试	调试方法正确,工具仪器使用得当。 □优(10) □良(8) □中(6) □差(4)						
方法能力 (30分)	独立学习的能力	能够独立学习新知识和新技能,完成工作任务。 □优(10) □良(8) □中(6) □差(4)						
	分析并解决问题的能力	独立解决工作中出现的各种问题,顺利完成工作任务。 □优(10) □良(8) □中(6) □差(4)						
	获取信息能力	通过网络、书籍、技术手册等获取信息,整理资料,获取所需知识。 □优(10) □良(8) □中(6) □差(4)						
社会能力 (20分)	团队协作和沟通能力	团队成员之间相互沟通与协商,具备良好的群体意识,群力合作,圆满完成工作任务。 □优(10) □良(8) □中(6) □差(4)						
	工作责任心与职业道德	具备良好的工作责任心、群体意识和职业道德。注意劳动安全。 □优(10) □良(8) □中(6) □差(4)						
		小计						
		总分						
(总分 = 自评×15% + 互评×15% + 教师×30% + 团队×40%)								
评价教师			日期					
学生确认			日期					

任务二 分类仓储单元的安装与调试

一、分类仓储单元的主要组成与功能

分类仓储单元是整个自动化生产线的最终单元,当工件由机械手运送至运料小车上后,PLC 发出指令,步进电动机驱动器驱动步进电动机从右基准限位处开始运行,并输送工件。根据传送带输送单元中的传感器发来的工作材质信息,把工件运送到相应的货台位置,然后推料气缸把工件推到货台上,运料小车再回到起始位置,等待下一工件到位,重复上面的动作。分类仓储单元的外观图如图 2-19 所示。

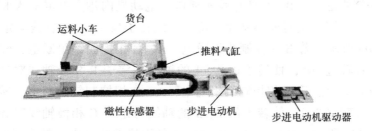

图 2-19 分类仓储单元的外观图

各组成部分说明如下:
1) 步进电动机及其驱动器:用于控制运料小车的运行。通过脉冲个数进行精准定位。
2) 推料气缸:将工件推到货台上,由单电控气动阀控制。
3) 磁性传感器:用于气缸的位置检测。当检测到气缸准确到位后将给 PLC 发出一个到位信号。磁性传感器接线时注意:蓝色接"-",棕色接"PLC 输入端"。

二、任务描述

本任务考虑搬运机械手单元和分类仓储单元的情况,具体的控制要求为:
按下起动按钮 SB1,延时 5s 后,机械手手臂下降,气动手爪夹紧工件,机械手手臂上升,机械手手臂旋转到位,机械手手臂下降,气动手爪松开将工件放入运料小车,机械手手臂上升,机械手返回原位;工件放在运料小车上后,步进电动机拖动运料小车从右基准限位处出发,运行至第二货台位置时停止,推料气缸延时 2s 后将工件推送至货台内后缩回,运料小车返回至右基准限位处后停止。

要求完成如下任务:
1) 规划 PLC 的 I/O 分配及接线端子分配。
2) 进行电气安装与检查。
3) 按控制要求编制 PLC 程序。
4) 进行调试与运行。

三、相关知识点

(一) 步进电动机及驱动器简介

(1) 步进电动机简介　步进电动机是将电脉冲信号转换为相应的角位移或直线位移的开环控制电动机，是现代数字程序控制系统中的主要执行元件。每输入一个电脉冲信号，电动机就转动一个角度，其运动形式是步进式的，所以称为步进电动机，又称脉冲电动机。

下面以一台最简单的三相反应式步进电动机为例，简要说明步进电动机的工作原理。图2-20所示是一台三相反应式步进电动机的原理图。定子铁心为凸极式，共有3对（6个）磁极，每两个空间相对的磁极上绕有一相控制绕组，共三相绕组。转子用软磁性材料制成，也是凸极结构，只有4个齿，齿宽等于定子的极宽。

当A相控制绕组通电，B、C两相均不通电，电动机内建立以定子A相极为轴线的磁场。由于磁通具有力图走磁阻最小路径的特点，使转子齿1、3的轴线与定子A相极轴线对齐，如图2-20a所示。若B相控制绕组通电，A、C相控制绕组断电，转子在反应转矩的作用下，逆时针转过30°，使转子齿2、4的轴线与定子B相极轴线对齐，即转子走了一步，如图2-20b所示。若C相控制绕组通电，A、B相控制绕组断电，转子在反应转矩的作用下，逆时针转过30°，使转子齿1、3的轴线与定子C相极轴线对齐，即转子又走了一步，如图2-20c所示。如此按A—B—C—A的顺序轮流通电，转子就会一步一步地按逆时针方向转动。每输入一个电脉冲，电动机转动一个角度前进一步。它输出的角位移与输入脉冲成正比、转速与脉冲频率成正比。改变绕组通电顺序，电动机就会反转。所以可用控制脉冲数量、频率及电动机各相绕组的通电顺序来控制步进电动机的转动。

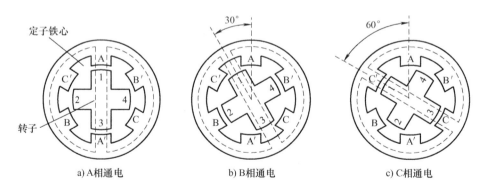

a) A相通电　　b) B相通电　　c) C相通电

图2-20　三相反应式步进电动机的原理图

上述通电方式称为三相单三拍。其中，"三相"是指三相步进电动机；"单三拍"是指每次只有一相控制绕组通电；控制绕组每改变一次通电状态称为一拍，"三拍"是指改变3次通电状态为1个循环。把每一拍转子转过的角度称为步距角。三相单三拍运行时，步距角为30°。但这个角度太大，不能付诸实用。

如果把控制绕组的通电方式改为A—AB—B—BC—C—CA—A，即一相通电接着二相通电间隔地轮流进行，完成一个循环需要经过6次改变通电状态，称为三相单、双六拍通电方式。当 A、B 两相绕组同时通电时，转子齿的位置应同时考虑到两对定子极的作用，只有 A 相极和 B 相极对转子齿所产生的磁拉力相平衡的中间位置才是转子的平衡位置。这样，单、双六拍通电方式下转子平衡位置增加了一倍，步距角为 15°。步距角用 θ 表示，它的大小由转子齿数和运行拍数决定，$\theta = 360°/$（转子齿数×运行拍数），以常规四相转子齿为 50 齿电动机为例，四拍运行时步距角为 $\theta = 360°/(50 \times 4) = 1.8°$。

步进电动机的步距角一般较大并且是固定的，步进的分辨率低、缺乏灵活性，在低频运行时振动，噪声比其他微电动机都高，这些缺点使步进电动机只能应用在一些要求较低的场合，对要求较高的场合，只能采取闭环控制，增加了系统的复杂性，这些缺点严重限制了步进电动机作为优良的开环控制组件的有效利用，而细分驱动技术在一定程度上有效地克服了这些缺点。

进一步减少步距角的措施是采用定子磁极带有小齿，转子齿数很多的结构，这样结构的步进电动机，其步距角可以做得很小。一般来说，实际的步进电动机产品都采用这种方法实现步距角的细分。

（2）步进驱动器简介　步进驱动器和步进电动机是一个有机的整体，步进电动机需要专门的驱动装置（驱动器）供电，步进电动机的运行性能是电动机及其驱动器二者配合所反映的综合效果。

步进驱动器就是将电脉冲转化为角位移的执行机构。当步进驱动器接收到一个脉冲信号，它就驱动步进电动机按设定的方向转动一个固定的角度（步距角），它的旋转是以固定的角度一步一步运行的。步进驱动器的功能是接收来自控制器（PLC）的一定数量和频率的脉冲信号以及电动机旋转方向信号，可以通过控制脉冲个数来控制角位移量，从而达到准确定位的目的；同时也可以通过控制脉冲频率来控制电动机转动的速度和加速度，从而实现调速和定位。

在没有细分驱动器时，用户主要靠选择不同相数的步进电动机来满足步距角的要求，如果使用细分驱动器，则相数将变得没有意义，用户只需在驱动器上改变细分数，就可以改变步距角。

一般来说，每一台步进电动机大都有其对应的驱动器，例如，Kinco 三相步进电动机 3S57Q-04056 与之配套的驱动器是 Kinco 3M458 三相步进电动机驱动器。

1）步进驱动器的工作模式。步进驱动器有 3 种基本的工作模式：整步、半步、细分。其主要区别在于电动机线圈电流的控制精度（即激磁方式），图 2-21 所示是步进驱动模式示意图。

图 2-21　步进驱动器三种驱动模式

① 整步驱动。在整步运行中，同一种步进电动机既可配整/半步驱动器也可配细分驱动器，但运行效果不同。步进驱动器按脉冲/方向指令对两相步进电动机的两个线圈循环励磁

（即将线圈充电设定电流），这种驱动方式的每个脉冲将使电动机移动一个基本步距角，即 1.8°（标准两相电动机的 1 圈共有 200 个步距角）。

② 半步驱动。在单相励磁时，电动机转轴停至整步位置上，驱动器收到下一个脉冲后，如给另一相励磁且保持原来相继续处在励磁状态，则电动机转轴将移动半个步距角，停在相邻两个整步位置的中间。如此循环地对两相线圈进行单相然后双相励磁，步进电动机就以每个脉冲 0.9°的半步方式转动。所有雷赛公司的整/半步驱动器都可以执行整步和半步驱动，由驱动器拨码开关的拨位进行选择。和整步方式相比，半步方式具有精度高一倍和低速运行时振动较小的优点，所以实际使用整/半步驱动器时一般选用半步模式。

③ 细分驱动。细分驱动模式具有低速振动极小和定位精度高两大优点。对于有时需要低速运行（即电动机转轴有时工作在 60r/min 以下）或定位精度要求小于 0.9°的步进应用中，细分驱动器获得广泛应用。其基本原理是对电动机的两个线圈分别按正弦和余弦形的台阶进行精密电流控制，从而使得一个步距角的距离分成若干个细分步完成。例如十六细分的驱动方式可使用每圈 200 标准步的步进电动机达到每圈 200 × 16 = 3200 步的运行精度（即 0.1125°）。

2）M415B 步进驱动器的说明。本系统采用的是雷赛公司的 M415B 两相步进驱动器，实物图如图 2-22 所示，其命名规则如图 2-23 所示。M415B 步进驱动器适合驱动任何中小型 1.5A 相电流以下两相或四相混合式步进电动机，它按照控制器发来的脉冲/方向指令（弱电信号）对电动机线圈电流（强电）进行控制，从而控制电动机转轴的位置和速度，其工作原理示意图如图 2-24 所示。采用的是双极性恒流斩波驱动技术，使用同样的电动机时可以比其他驱动方式输出更大的速度和功率。M415B 的细分功能使步进电动机运转精度提高 1 ~ 64 倍。本驱动器采用 SW1 ~ SW6 六位拨码开关设定细分精度、动态电流，SW1 ~ SW3 设定电动机运转时的动态电流，见表 2-16；SW4 ~ SW6 决定细分精度，见表 2-17；接口信号详细描述见表 2-18，典型接线图如图 2-25 所示。

图 2-22 步进驱动器实物图

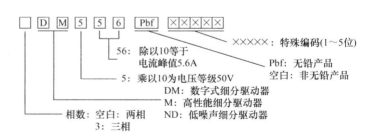

图 2-23 步进驱动器命名规则

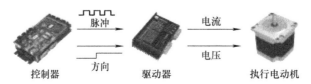

图 2-24 步进驱动器工作示意图

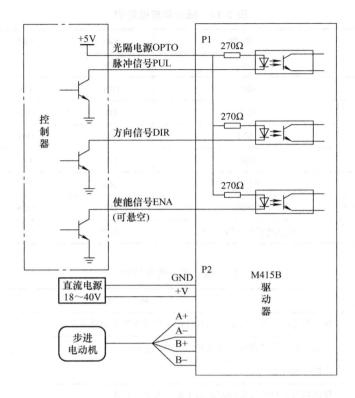

图 2-25 步进驱动器接线图

对于同一电动机，电流设定值越大时，电动机的输出力矩越大，但电流大的同时电动机和驱动器的发热也比较严重，所以一般情况是把电流设成供电动机长期工作时出现温热但不过热的数值。需要注意的是，电流设定后请运转电动机 15～30min，如电动机温升太高，应降低电流设定值。

表 2-16 动态电流设定表

工作电流	SW1	SW2	SW3
0.21A	OFF	ON	ON
0.42A	ON	OFF	ON
0.63A	OFF	OFF	ON
0.84A	ON	ON	OFF
1.05A	OFF	ON	OFF
1.26A	ON	OFF	OFF
1.5A	OFF	OFF	OFF

改变驱动器的细分倍数，可改变电动机旋转 1 圈所需要的脉冲数。

表 2-17 细分精度设定表

细分倍数	步数/圈	SW4	SW5	SW6
1	200	ON	ON	ON
2	400	OFF	ON	ON
4	800	ON	OFF	ON
8	1600	OFF	OFF	ON
16	3200	ON	ON	OFF
32	6400	OFF	ON	OFF
64	12800	ON	OFF	OFF
由外部确定	动态改细分/禁止工作	OFF	OFF	OFF

表 2-18 接口信号描述

名 称	功 能
PUL	脉冲信号：上升沿有效，每当脉冲由低变高时电动机走 1 步
DIR	方向信号：用于改变电动机转向，TTL 电平驱动
OPTO	光耦驱动电源
ENA	使能信号：禁止或允许驱动器工作，低电平禁止
GND	直流电源地
+V	直流电源正极，+18~+40V 内任何值均可，但推荐值为 +24V
A+	电动机 A 相
A-	电动机 A 相
B+	电动机 B 相
B-	电动机 B 相

(二) 脉冲输出指令的应用

工业控制领域中经常要遇到脉冲列，运动体的位移可以转变为脉冲的数量，电压、电流、温度、压力等物理量的量值变化可以转变为脉冲列频率的变化。与此相反，定量的脉冲可以作为定量位移的驱动信号，调制输出脉冲的脉宽可以成为模拟信号输出的手段。这里简要介绍 FX_{2N} 可编程序控制器脉冲输出指令。

表 2-19 所示是脉冲输出指令的各要素，该指令可用于指定频率、产生定量脉冲输出的场合。

其中，PLSY 为 16 位连续执行型脉冲输出指令；DPLSY 为 32 位连续执行型脉冲输出指令。

FX_{2N} PLC 的 PLSY 指令的编程格式如图 2-26 所示。

变频调速和步进调速在自动化生产线中的应用 项目二

表 2-19 脉冲输出指令的要素

指令名称	指令代码位数	助记符	操作数		程序步
			[S1·]/[S2·]	[D·]	
脉冲输出指令	FNC57 (16/32)	PLSY (D)PLSY	K、H KnX、KnY、KnM、 KnS T、C、D、V、Z	只能指定晶体管 型 Y000 及 Y001	PLSY…7 步 (D)PLSY…13 步

其中：

K1000：指定的输出脉冲频率，可以是 T、C、D，数值或是位元件组合如 K4X000。

D0：指定的输出脉冲数，可以是 T、C、D，数值或是位元件组合如 K4X000，当该值为 0 时，输出脉冲数不受限制。

Y000：指定的脉冲输出端子，只能是 Y000 或 Y001。

图 2-26 脉冲输出指令使用说明

下面以两个小例简要说明脉冲输出指令 PLSY 的应用。

1) 指令语言如下：

0 LD M0
1 PLSY K500 K6000 Y000

工作过程是：当 M0 闭合时，从 Y000 输出的脉冲频率是 500Hz，指定输出的脉冲数是 6000 个。在输出过程中 M0 断开，立即停止脉冲输出，当 M0 再次闭合后，从初始状态开始重新输出指定的脉冲数。

2) 指令语言如下：

0 LD M0
1 PLSY D0 D10 Y001

工作过程是：当 M0 闭合时，以 D0 指定的脉冲频率从 Y001 输出 D10 指定的脉冲数。

PLSY 指令没有加减速控制，带加减速功能的脉冲输出指令 PLSR 请自行参考相关书籍。当 M0 闭合后立即以 D0 指定的脉冲频率输出脉冲，在输出过程中改变 D0 的值，其输出脉冲频率立刻改变（用于调速很方便）。

在输出过程中改变输出脉冲数 D10 的值，其输出脉冲数并不改变，只有驱动断开再一次闭合后才按新的脉冲数输出。

其相关标志位与寄存器如下：

M8029：脉冲发出完后，M8029 自动接通一个扫描周期。

M8147：Y000 输出脉冲时闭合，发完后脉冲自动断开。

M8148：Y001 输出脉冲时闭合，发完后脉冲自动断开。

D8140：记录 Y000 输出的脉冲总数，32 位寄存器。

D8142：记录 Y001 输出的脉冲总数，32 位寄存器。

D8136：记录 Y000 和 Y001 输出的脉冲总数，32 位寄存器。

需要注意的是，当 PLSY 指令断开，再次驱动 PLSY 指令时，必须在 M8147 或 M8148 断开一个扫描周期以上，否则会发生运算错误。

四、任务分析

（一）PLC 的 I/O 分配

本任务包含了搬运机械手单元和分类仓储单元，根据任务要求，本实训装置 PLC 选用 FX_{2N}-48MT 主单元，共 24 点输入和 24 点晶体管输出。其 PLC I/O 信号分配见表 2-20，接线原理图如图 2-27 所示。图 2-27 中，电磁阀电源和步进驱动器电源使用外接的 DC24V。

表 2-20 PLC 的 I/O 信号分配表

输入信号			输出信号		
序号	PLC 输入点	信号名称	序号	PLC 输出点	信号名称
1	X002	起动	1	Y003	旋转气缸电磁阀
2	X012	升降气缸伸出到位传感器	2	Y004	升降气缸电磁阀
3	X013	升降气缸下降到位传感器	3	Y005	气动手爪电磁阀
4	X014	旋转气缸逆时针到位传感器	4	Y000	步进电动机驱动器 PUL+
5	X015	旋转气缸顺时针到位传感器	5	Y001	步进电动机驱动器 DIR+
6	X022	气动手爪夹紧到位传感器	6	Y006	推料气缸电磁阀
7	X006	右基准限位开关			
8	X020	推料气缸原位传感器			
9	X021	推料气缸伸出传感器			

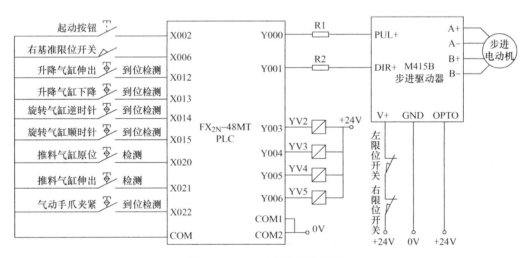

图 2-27 PLC I/O 接线原理图

（二）PLC 控制的编程思路

1）搬运机械手单元运行的主要过程是搬运机械手的动作，它是一个步进顺序控制过程，这里采用置位复位指令实现动作执行。

2）分类仓储单元中运料小车是由步进电动机拖动的，根据步进电动机的工作原理可知，步进电动机拖动运料小车运行至第二货台处位置的确定，可由电脉冲测算得出。系统顺序功能图如图2-28所示，图中脉冲数请自行测试，【K?】是指从运料小车右基准限位开关处到第二货台的脉冲数，【K??】是指从运料小车右基准限位开关处到第二货台，再从第二货台返回至运料小车右基准限位开关处总脉冲数，理论上脉冲数【K??】的值是【K?】的两倍，但步进电动机在运行时，可能存在失步的问题，因此【K??】的值应大于测试值，所以，在S34步，PLSY指令中的脉冲数可以写为K9999，因为进入S0的条件是右基准限位X6，而非M8029。

说明：步进电动机失步包括丢步和越步。丢步时，转子前进的步数小于脉冲数，越步时，转子前进的步数多于脉冲数。丢步严重时，将使转子停留在一个位置上或围绕一个位置振动；越步严重时，设备将发生过冲。

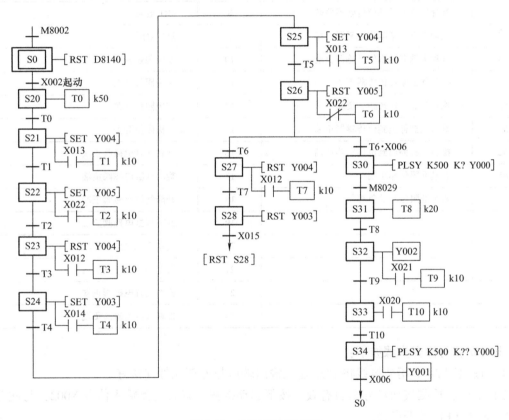

图2-28 系统顺序功能图

五、任务实施

（一）电气安装与检查

本装置中磁性传感器、限位开关、步进驱动器等电路已经连接到端子排上了，查看端子排号码即可进行连接。本任务涵盖了搬运机械手单元和分类仓储单元，其接线端口信号端子分配见表2-21。

表 2-21 接线端口信号端子的分配

输入端口		输出端口	
端子号	信号线	端子号	信号线
39	旋转气缸逆时针到位传感器正端	1	步进驱动器 V+
40	旋转气缸逆时针到位传感器负端	2	步进驱动器 GND
41	旋转气缸顺时针到位传感器正端	3	步进驱动器信号公共端
42	旋转气缸顺时针到位传感器负端	4	步进驱动器 DIR+
43	升降气缸下降到位传感器正端	5	步进驱动器 PUL+
44	升降气缸下降到位传感器负端	6	1R1 电阻
45	升降气缸上升到位传感器正端	7	1R2 电阻
46	升降气缸上升到位传感器负端	8	2R1 电阻
47	气动手爪夹紧限位传感器正端	9	2R2 电阻
48	气动手爪夹紧限位传感器负端	10	左极限位开关
49	推料气缸原位传感器正端	11	左极限位开关
50	推料气缸原位传感器负端	12	右极限位开关
51	推料气缸伸出到位传感器正端	13	右极限位开关
52	推料气缸伸出到位传感器负端	16	旋转气缸电磁阀正端
65	右基准限位输出端	17	旋转气缸电磁阀负端
66	右基准限位开关负端	18	升降气缸电磁阀正端
		19	升降气缸电磁阀负端
		20	气动手爪电磁阀正端
		21	气动手爪电磁阀负端
		22	推料气缸电磁阀正端
		23	推料气缸电磁阀负端

电气安装与检查步骤如下：

1) 按照图 2-27 用插拔线将 PLC 输入输出端口与外部元件连接好。

2) 上电，检测按钮信号是否有效。按下起动按钮，查看有无输入信号 X002，与此对应的 PLC 输入 LED 是否点亮。

3) 磁性传感器的检测与项目一中任务二的检测方法一样。

4) 上电后，观察步进驱动器电源（PWR）灯是否点亮，点亮说明步进驱动器工作电源正常，分别手动压合左极限位开关和右极限位开关，观察步进驱动器工作电源是否切断，切断说明左、右极限位开关工作正常。

5) 手动压合右基准限位开关，观察有无输入信号 X006，与此对应的 PLC 输入 LED 是否点亮。

变频调速和步进调速在自动化生产线中的应用 项目二

(二) 调试与运行

1) 按照图 2-29 所示的脉冲测试程序,以右基准限位开关为基点,测试运料小车运行到第二货台处位置时所需的脉冲数【K?】,再从第二货台处回到右基准限位开关处所需的脉冲数【K??】。

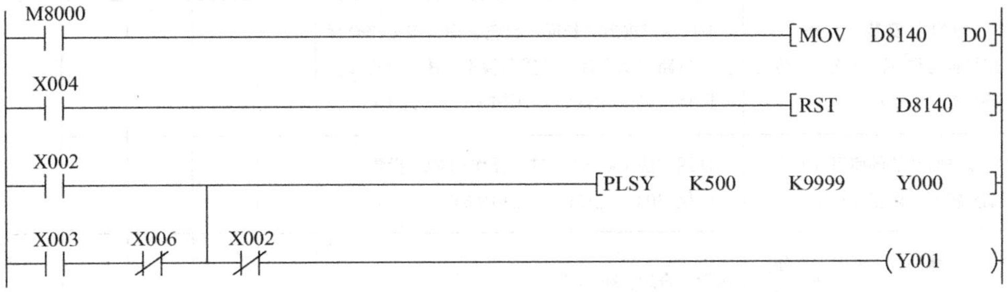

```
M8000 ──────────────────────────[MOV  D8140  D0 ]
X004  ──────────────────────────[RST  D8140 ]
X002  ──────────────────────[PLSY  K500  K9999  Y000 ]
X003  X006  X002
 ├┤───┤/├───┤/├─────────────────────────(Y001 )
```

图 2-29 运料小车运行所需脉冲数测试程序

在图 2-29 中,先点动 X004,D8140 复位,脉冲数清零。点动 X002,执行 PLSY 脉冲输出指令,PLC 发出脉冲,步进驱动器接收脉冲信号驱动步进电动机从右基准限位处开始运行,运行到第二货台位置时停止,此时显示的脉冲数即【K?】的值;再点动 X003,PLC 发出脉冲信号和方向信号(Y001 得电),步进驱动器接收脉冲信号和方向信号驱动步进电动机从第二货台位置处向右基准限位开关处运行,此时脉冲数不断叠加,当到达右基准限位开关处停止运行,此时显示的脉冲数 +100(考虑步进电动机运行时存在丢步的问题),即为【K??】的值。

2) 根据图 2-28 所示的顺序功能图写出梯形图程序,录入梯形图程序,送入 PLC,将 PLC 的工作状态开关放在"RUN"处,程序切换至监控状态。

3) 工作单元运行调试。按下起动按钮,延时 5s 后,观察搬运机械手的动作是否符合要求,若出现问题,则应检查程序监控状态并及时修改。

当工件由搬运机械手搬送至运料小车上后,运料小车是否按要求运行到指定位置,到指定位置后推料气缸是否动作,推料气缸将工件推送至货台内后,运料小车是否按要求返回到右基准限位开关处,若出现问题,则应检查程序监控状态并及时修改。

六、任务思考与评价

(一) 任务思考

1) 调节步进驱动器的细分精度,分别设置细分精度为 800 和 1600,试测试:从右基准开关限位处运行至第三货台,各需发出多少个脉冲。

2) 试编程序:工作单元在工作过程中,前 3 个工件运送至至第二货台,后 3 个货台运送至第三货台,系统停止工作。

59

(二) 任务评价

评价表		编号：04						
项目二 任务二		分类仓储单元的安装与调试		总学时：8				
团队负责人		团队成员						
评价项目		评定标准	自评	互评1	互评2	互评3	教师	团队
专业能力 (50分)	I/O 电气安装（5分）、气路检查与调试（2分）、传感器检查（3分）	I/O 端口进出线长度、颜色合理，工艺符合规范。气路调试合理、传感器检查方法正确有效。 □优(10) □良(8) □中(6) □差(4)						
	步进驱动器的使用（7分）、细分精度的调整（3分）	使用方法正确规范（PU 操作和 EXT 操作）。 □优(10) □良(8) □中(6) □差(4)						
	定位脉冲数的测定（5分）、电气图绘制和控制程序的编写(10分)、编程软件的使用(5分)	科学、合理，操作规范。 □优(20) □良(16) □中（12) □差(8)						
	功能检测调试	调试方法正确，工具仪器使用得当。 □优(10) □良(8) □中(6) □差(4)						
方法能力 (30分)	独立学习的能力	能够独立学习新知识和新技能，完成工作任务。 □优(10) □良(8) □中(6) □差(4)						
	分析并解决问题的能力	独立解决工作中出现的各种问题，顺利完成工作任务。 □优(10) □良(8) □中(6) □差(4)						
	获取信息能力	通过网络、书籍、技术手册等获取信息，整理资料，获取所需知识。 □优(10) □良(8) □中(6) □差(4)						
社会能力 (20分)	团队协作和沟通能力	团队成员之间相互沟通与协商，具备良好的群体意识，通力合作，圆满完成工作任务。 □优(10) □良(8) □中(6) □差(4)						
	工作责任心与职业道德	具备良好的工作责任心、群体意识和职业道德。注意劳动安全。 □优(10) □良(8) □中(6) □差(4)						
		小计						
		总分 （总分 = 自评×15% + 互评×15% + 教师×30% + 团队×40%）						
评价教师		日期						
学生确认		日期						

变频调速和步进调速在自动化生产线中的应用

任务三　THJDQG-1型自动化生产线的安装与调试

一、任务描述

（1）上料单元　在复位完成后，点动"起动"按钮，料筒光电传感器检测到有工件时，延时2s后，上料气缸将工件推出至传送带上，若10s内料筒检测光电传感器仍未检测到工件，则说明料筒内无工件，这时警示黄灯闪烁，放入工件后黄灯熄灭；上料气缸推出工件后会立即缩回，工件下落。当搬运机械手夹起工件后，又重复上述过程。

（2）传送带输送单元　当工件被上料气缸推出后，PLC控制起动变频器，三相异步电动机以30Hz的频率运行，传送带开始输送工件。工件分别经过第一、第二、第三传感器时，传感器会把检测到的信号传给PLC，PLC判别工件，为分类仓储单元做准备。工件被传送带运送到终点时，变频器停止运行，传送带停止工作。上料单元的上料气缸推出工件后，再重复上面的过程。

（3）搬运机械手单元　当工件送到终点后，机械手手臂下降，机械手手臂下限位传感器检测到位后，气动手爪抓取工件，手爪夹紧限位传感器检测到夹紧信号后，机械手手臂上升。机械手手臂上限位传感器检测到位后，机械手手臂逆时针转动。手臂逆时针转动到位后，机械手手臂下降。手臂下限位传感器检测到位后，气动手爪放开工件，机械手手臂上升。机械手手臂上限位传感器检测到位后，机械手手臂顺时针转动，等待下一个工件到位，重复上面的过程。

（4）分类仓储单元　当搬机械手把工件放到运料小车上后，PLC控制起动步进电动机，并根据第（2）步中传感器发来的信息，把黄铁工件运送至第二货台位置，把塑料工件运送至第三货台位置，其他工件运送至第一货台位置，然后推料气缸把工件推到对应货台内，运料小车再回到起始位置，等待下一工件到位，重复上面的动作。

（5）起动、停止、复位、警示

1）系统上电后，点动"复位"按钮后，各气缸回到初始状态，传送带停止运行，运料小车回至右基准限位处，并且人工将货台、传送带上工件清空。系统复位完成。点动"起动"按钮，警示绿灯亮。缺料时，延时10s后警示黄灯闪烁；放入工件后，警示黄灯闪烁停止。运行过程中，不得人为干预执行机构，以免影响设备正常运行。

2）按"停止"按钮，警示红灯亮，警示绿灯灭，上料单元停止推送工件，运料小车运送完当前工件后，运料小车到达位置后停止，警示红灯灭；缺料时，延时10s后警示黄灯闪烁；放入工件后，警示黄灯闪烁停止。

要求完成如下任务：

1）规划PLC的I/O分配及接线端子分配。

2）进行电气安装与检查。

3）按控制要求编制PLC程序。

4）设置变频器参数与步进驱动器细分精度，其中，步进驱动器细分精度为400。

5）进行调试与运行。

二、任务分析

(一) PLC 的 I/O 接线

本任务包含了自动化生产线所有单元,根据任务的要求,本实训装置 PLC 选用 FX_{2N}-48MT 主单元,共 24 点输入和 24 点晶体管输出。PLC 的 I/O 信号分配见表 2-22,接线原理图请自行绘制。

表 2-22 PLC 的 I/O 信号分配表

输入信号			输出信号		
序号	PLC 输入点	信号名称	序号	PLC 输出点	信号名称
1	X000	编码器 A 相脉冲输出	1	Y000	步进电动机驱动器 PUL+
2	X001	编码器 B 相脉冲输出	2	Y001	步进电动机驱动器 DIR+
3	X002	起动按钮	3	Y002	上料气缸电磁阀
4	X003	停止按钮	4	Y003	旋转气缸电磁阀
5	X004	复位按钮	5	Y004	升降气缸电磁阀
6	X005	上料检测光电传感器	6	Y005	气动手爪电磁阀
7	X006	右基准限位开关	7	Y006	推料气缸电磁阀
8	X007	电容传感器输出	8	Y007	警示黄灯
9	X010	电感传感器输出	9	Y010	警示绿灯
10	X011	色标传感器输出	10	Y011	警示红灯
11	X012	升降气缸伸出到位传感器	11	Y014	变频器 STF 和 RM
12	X013	升降气缸下降到位传感器正端			
13	X014	旋转气缸逆时针到位传感器			
14	X015	旋转气缸顺时针到位传感器			
15	X016	上料气缸原位传感器			
16	X017	上料气缸伸出传感器			
17	X020	推料气缸原位传感器			
18	X021	推料气缸伸出传感器			
19	X022	气动手爪夹紧限位传感器			

(二) PLC 控制的编程思路

1) PLC 上电后应首先按下复位按钮,使系统完成复位操作,确认系统已经复位完成后,才允许投入运行。系统复位参考程序如图 2-30 所示。

2) 根据三个传感器对工件材质的判别,把黄铁工件运送至第二货台位置,塑料工件运

变频调速和步进调速在自动化生产线中的应用

```
                                              *〈复位起动〉
    X004
    ─┤├────────────────────────────────[SET    M50 ]
   复位按钮

                                              *〈所有气缸复位〉
    M50
    ─┤├──────────────────────[ZRST   S20     S50 ]
     │                                              K30
     └─────────────────────────────────────(T0   )

                                              *〈运料小车复位〉
    M50   X006
    ─┤├───┤/├──────────────[PLSY   K300   K9999   Y000]
     │
     └──────────────────────────────────────(Y001 )

    X006   M50
    ─┤├────┤├──────────────────────────[RST    D8140]

                                              *〈复位完成〉
    X006   T0
    ─┤├────┤├──────────────────────────[RST    M50  ]
```

图 2-30 系统复位参考程序

送至第三货台位置，其他工件运送至第一货台位置，将各类工件存入货台位置对应的脉冲数传送至数据存储器 D0 中。参考程序如图 2-31 所示。

```
                                              *〈黄铁工件〉
    M10   M11   M12
    ─┤├───┤├───┤├───────────────────────────(M20 )
   金属  铁质  黄色
                                              *〈塑料工件〉
    M10   M11
    ─┤/├──┤/├───────────────────────────────(M21 )

                                              *〈除黄铁、塑料外其他工件〉
    M20   M21
    ─┤/├──┤/├───────────────────────────────(M22 )

                                              *〈将第一货台位置脉冲数存入D0〉
    M22
    ─┤├──────────────────────────[MOVP   K1200   D0 ]

                                              *〈将第二货台位置脉冲数存入D0〉
    M20
    ─┤├──────────────────────────[MOVP   K1500   D0 ]

                                              *〈将第三货台位置脉冲数存入D0〉
    M21
    ─┤├──────────────────────────[MOVP   K1800   D0 ]
```

图 2-31 不同工件脉冲存储程序

63

3）当搬运机械手夹起工件后，上料单元准备开始推出下一个工件，当下一个工件经过三个传感器位置后而当前工件还未运送至货台内时，这时脉冲数存在误送的可能。例如，若当前工件是黄铁材质，应输送到第二货台位置，此时 D0 = 1500，而当前工件还未运送至第二货台位置时，下一个工件（塑料材质）已经经过了三个传感器，此时传感器判别出的是下一个工件材质（塑料材质），并将下一个工件（塑料材质）需要运送到的第三货台位置对应的脉冲数传送至 D0 中，D0 = 1800，将当前工件的数据覆盖掉，从而发生错误。为了避免这种错误发生，在搬运机械手执行搬运动作的过程中采取数据转存的方式解决。工作参考示意图如图 2-32 所示。在图 2-32 中，当前工件对应货台位置的脉冲数 D0，在搬运机械手执行动作的过程将数据寄存器 D0 进行数据传送，最后执行的脉冲数是 D5，即使已判别出下一个工件材质，D0 数据已经被更改，但都不影响当前工件运送至对应的货台位置的脉冲数 D5。

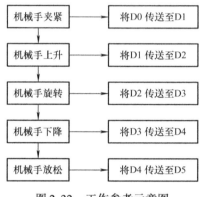

图 2-32 工作参考示意图

三、任务实施

（一）电气安装与检查

电气安装与检查步骤如下：

1）用插拔线将 PLC 输入输出端口与外部元件连接好，接线端口信号端子的分配这里不再重复说明，可参考前面任务和附录。

2）上电，检测按钮信号是否有效。与前面任务中的检测方法一致。

3）检测所有传感器的功能是否有效，与前面任务中的检测方法一致。

4）在变频器 PU 模式下设置变频器参数 Pr. 5 = 30，Pr. 7 = 0，Pr. 8 = 0，参数设置完成后，将变频器运行模式设置为外部运行模式，即设置 Pr. 79 = 2。参数设置完成后，利用变频器模块上的调试开关检测变频器运行是否正常。

5）上电后，观察步进驱动器电源（PWR）灯是否点亮，点亮说明步进驱动器工作电源正常。再分别手动压合左极限位开关和右极限位开关，观察步进驱动器工作电源是否切断，切断说明左、右极限位开关工作正常。

6）手动压合右基准限位开关，观察有无输入信号 X006，与此对应的 PLC 输入 LED 是否点亮。

7）设置步进驱动器细分精度为 400，设置 SW4 = OFF，SW5 = ON，SW6 = ON。

（二）调试与运行

1）按照图 2-33 所示的程序，测试从工件被推出后，到达机械手正下方时的脉冲数，先点动 X024，将 C235 清零，再点动 X023，变频器拖动传送带以 30Hz 的频率前行，当工件到达机械手正下方时停止点动，观察此时的脉冲数并记录。

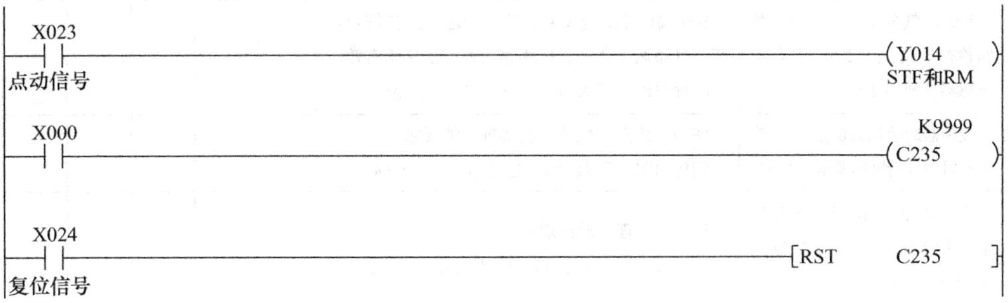

```
X023
——| |—————————————————————————————————( Y014 )
点动信号                                    STF和RM

X000                                        K9999
——| |—————————————————————————————————( C235 )

X024
——| |—————————————————————————————[RST   C235]
复位信号
```

图 2-33　工件传送带上运行距离测试程序

2）以右基准限位开关为基点，分别测试运料小车运行到第一货台、第二货台、第三货台处位置时所需的脉冲数，参看图 2-29 所示的脉冲测试程序。

3）录入梯形图程序，送入 PLC，将 PLC 的工作状态开关放在"RUN"处，程序切换至监控状态。

4）复位功能测试。断电状态下人工将运料小车推送至货台位置，按下复位按钮后，观察运料小车是否运行至右基准限位开关处停止，若没有，则应检查程序监控状态并及时修改。

5）警示功能测试。系统复位完成后，点动起动按钮，观察警示绿灯是否点亮；当料仓内无工件时，观察 10s 后警示黄灯是否闪烁，放入工件后，警示黄灯是否闪烁停止。按停止按钮，观察警示红灯、警示绿灯的亮灭情况是否符合要求。若没有，则应检查程序监控状态并及时修改。

6）工作单元运行调试。点动起动按钮，观察每个工作单元的运行是否符合要求，当搬运机械手夹紧当前工件后上料气缸是否推出下一个工件，不同材质的工件是否按任务要求运送至对应的货台内，若没有，则应检查程序监控状态并及时修改。

四、任务思考与评价

（一）任务思考

1）总结检查 I/O 接线正确与否的方法，若存在断线故障，怎么确定故障范围，找到故障点。

2）编程：突然断电，设备停止工作。电源恢复后，点动"复位"按钮，再点动"起动"按钮，则设备重新开始运行。

(二) 任务评价

评价表			编号：05					
项目二 任务三		THJDQG-1型自动化生产线的安装与调试			总学时：12			
团队负责人			团队成员					
评价项目		评定标准	自评	互评1	互评2	互评3	教师	团队
专业能力 (50分)	I/O电气安装（5分）、气路检查与调试（2分）、各类传感器检查（3分）	I/O端口进出线长度、颜色合理，工艺符合规范。气路调试合理、传感器检查方法正确有效。 □优(10) □良(8) □中(6) □差(4)						
	变频器的使用（6分）、步进驱动器细分精度的调整（4分）	使用方法正确规范，能实现功能要求。 □优(10) □良(8) □中(6) □差(4)						
	定位脉冲数的测定（5分）、电气图绘制（5分）、控制程序的编写（10分）	科学、合理，操作规范。 □优(20) □良(16) □中(12) □差(8)						
	功能检测调试	调试方法正确，工具仪器使用得当。 □优(10) □良(8) □中(6) □差(4)						
方法能力 (30分)	独立学习的能力	能够独立学习新知识和新技能，完成工作任务。 □优(10) □良(8) □中(6) □差(4)						
	分析并解决问题的能力	独立解决工作中出现的各种问题，顺利完成工作任务。 □优(10) □良(8) □中(6) □差(4)						
	获取信息能力	通过网络、书籍、技术手册等获取信息，整理资料，获取所需知识。 □优(10) □良(8) □中(6) □差(4)						
社会能力 (20分)	团队协作和沟通能力	团队成员之间相互沟通与协商，具备良好的群体意识，通力合作，圆满完成工作任务。 □优(10) □良(8) □中(6) □差(4)						
	工作责任心与职业道德	具备良好的工作责任心、群体意识和职业道德。注意劳动安全。 □优(10) □良(8) □中(6) □差(4)						
小计								
总分								
（总分＝自评×15%＋互评×15%＋教师×30%＋团队×40%）								
评价教师			日期					
学生确认			日期					

下篇

YL-335B型自动化生产线安装与调试

项目三　工件加工装配过程的自动控制

> **学习目标**

1. 了解各工作单元的组成及作用，并能进行机械本体的安装。
2. 能根据控制关系，进行PLC输入输出口分配并完成电气安装。
3. 能正确调整各类传感器和气压装置，使其正常工作。
4. 能正确使用伺服驱动器，设置伺服驱动器参数，实现伺服控制功能。
5. 能根据控制要求，编制工作程序。
6. 能进行系统调试，并进一步优化程序。

任务一　供料单元的安装与调试

一、供料单元的主要组成与功能

供料单元在整个系统中，起着向系统中的其他单元提供原料的作用。具体的功能是按照需要将放置在料仓中待加工工件（原料）自动推出到物料台上，以便输送单元的机械手将其抓取，输送到其他单元。供料单元的主要结构组成为：管形料仓、工件推出装置、支撑架、电磁阀组、接线端口、PLC、按钮指示灯模块、走线槽、底板等。其中，机械部分结构组成如图3-1所示。

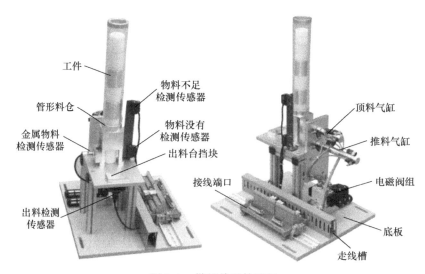

图3-1　供料单元外观图

其中管形料仓用于储存工件原料，工件推出装置是在需要时将料仓中最下层的工件推出到物料台上，它主要由推料气缸、顶料气缸、磁感应接近传感器组成。

供料单元的功能是：工件垂直叠放在料仓中，推料气缸处于料仓的底层并且其活塞杆可从料仓的底部通过。当活塞杆在退回位置时，它与最下层工件处于同一水平位置，而顶料气缸则与次下层工件处于同一水平位置。当需要将工件推出到物料台上时，首先使顶料气缸的活塞杆推出，压住次下层工件；然后使推料气缸活塞杆推出，从而把最下层工件推到物料台上。在推料气缸返回并从料仓底部抽出后，再使顶料气缸返回，松开次下层工件。这样，料仓中的工件在重力的作用下，就自动向下移动一个工件，为下一次推出工件做好准备。供料操作示意图如图 3-2 所示。

在底座和管形料仓第 4 层工件位置，分别安装了一个漫射式光电接近开关。其功能是检测料仓中有无工件和工件是否足够。若料仓内没有工件，则两个漫射式光电接近开关均处于常态；若有 3 个工件，则底层处漫射式光电接近开关动作而第 4 层处光电接近开关常态，表明工件已经快用完了。这样，料仓中有无工件或工件是否足够，就可用这两个光电接近开关的信号状态反映出来。

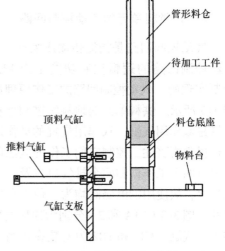

图 3-2 供料操作示意图

物料台面开有小孔，物料台下面安装有一个圆柱形漫射式光电接近开关，工作时向上发出光线，从而透过小孔检测是否有工件存在，从而向系统提供本单元物料台有无工件的信号。

二、任务描述

本任务只考虑供料单元单站运行时的情况，具体的控制要求为：

1）设备上电和气源接通后，若供料单元的两个气缸均处于缩回状态，物料台上没有工件，且料仓内有足够的待加工工件，指示灯 HL1 黄灯常亮，表示设备准备好。否则，该指示灯 HL1 黄灯以 1Hz 频率闪烁。

2）若设备准备好，按下起动按钮，则工作单元起动，"设备运行"指示灯 HL2 绿灯常亮。若物料台上没有工件，则应把工件推到物料台上。物料台上的工件被人工取出后，若没有停止信号，则进行下一次推出工件操作。

3）若在运行中料仓内工件不足，则工作单元继续工作，但"正常工作"指示灯 HL1 黄灯 1Hz 的频率闪烁，"设备运行"指示灯 HL2 绿灯保持常亮。若料仓内没有工件，则 HL1 黄灯和 HL2 绿灯均以 2Hz 频率闪烁，工作站在完成本周期任务后停止推料。向料仓补充足够的工件，工作站自动进行推出工件操作。

4）若在运行中按下停止按钮，HL2 绿灯灭，则在完成本工作周期任务后，本工作单元停止工作。

要求完成如下具体任务：

1）规划 PLC 的 I/O 分配及接线端子分配。
2）机械本体与外围元器件的安装、气路连接。
3）电气安装与检查，气路调试。

4）按控制要求编制 PLC 程序。

5）进行调试与运行。

三、相关知识点

（一）供料单元的气动控制回路

气动控制回路是指能传输压缩空气的、并使各种气动元件按照一定的规律动作的通道，气动控制回路的逻辑控制功能是由 PLC 控制实现的。气动控制回路的工作原理如图 3-3 所示。供料单元的顶料气缸和推料气缸是双作用气缸，双作用气缸的动作原理这里不再赘述，控制它们工作的电磁阀需要有两个工作口和两个排气口以及一个供气口，故使用的电磁阀均为二位五通电磁阀。图 3-3 中 1A 和 2A 分别为顶料气缸和推料气缸。1B1 和 1B2 为安装在顶料气缸的两个极限工作位置的磁感应接近开关，2B1 和 2B2 为安装在推料气缸的两个极限工作位置的磁感应接近开关。1Y 和 2Y 分别为控制顶料气缸和推料气缸的电磁阀的电磁控制端。接通气源，这两个气缸的初始位置均设定在缩回状态，当 1Y

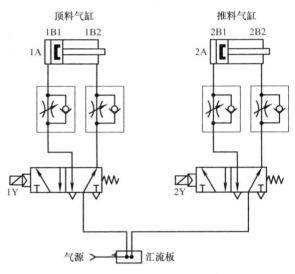

图 3-3 供料单元气动控制回路工作原理图

电磁线圈得电时，其相应的二位五通电磁阀工作位置发生改变，顶料气缸伸出；当 1Y 电磁线圈失电时，顶料气缸缩回。推料气缸的工作原理与顶料气缸的工作原理类似。

（二）供料单元的传感器

YL-335B 各工作单元所使用的传感器都是接近传感器，它利用传感器对所接近的物体具有的敏感特性来识别物体是否接近，并输出相应开关信号，因此，接近传感器通常也称为接近开关。供料单元中使用了磁感应式接近开关（或称磁性开关）、电感式接近开关、漫射式光电接近开关，磁性开关在之前的项目中已经介绍，这里只介绍电感式接近开关和漫射式光电接近开关。

（1）电感式接近开关 供料单元中，为了检测待加工工件是否金属材料，在供料管底座侧面安装了一个圆柱型电感传感器，如图 3-4 所示。

电感式接近开关是利用电涡流效应制造的传感器。电涡流效应是指当金属物体处于一个交变的磁场中时，金属内部会产生交变的电涡流，该涡流又会反作用于产生它的磁场。利用这一原理，以高频振荡器（LC 振荡器）中的电感线圈作为检测元件，当被测金属物体接近电感线圈时会

图 3-4 供料单元的金属检测器

产生涡流效应，引起振荡器振幅或频率的变化，由传感器的信号调理电路（包括检波、放大、整形及输出等电路）将该变化转换成开关量输出，从而达到检测目的。

在电感式接近开关的选用和安装中，必须认真考虑检测距离、设定距离，保证生产线上的传感器可靠动作。安装距离注意说明如图3-5所示。

(2) 漫射式光电接近开关　漫射式光电接近开关是利用光照射到被测物体上后反射回来的光线而工作的，由于物体反射的光线为漫射光，故称为漫射式光电接近开关。它的光发射器与光接收器处于同一侧位置，且为一体化结构。图3-6所示是漫射式光电接近开关的工作原理示意图。在工作时，光发射器始终发射检测光，若接近开关前方一定距离内没有物体，则没有光被反射到接收器，接近开关处于常态而不动作；反之若接近开关的前方一定距离内出现物体，只要反射回来的光强度足够，接收器接收到足够的漫射光，就会使接近开关动作而改变输出的状态。

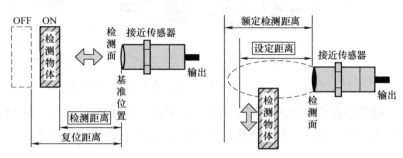

图3-5　安装距离注意说明

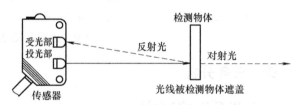

图3-6　漫射式光电接近开关工作示意图

供料单元中，用来检测工件不足或工件有无的漫射式光电接近开关选用型号为CX-441的光电开关，它是一种小型、可调节检测距离、放大器内置的反射型光电传感器，具有细小光束（光点直径约2mm）、可检测同等距离的黑色和白色物体、检测距离可精确设定等特点。该光电开关的外形和顶端面上的调节旋钮和指示灯如图3-7所示。设定受检物体距离范围为20~50mm。

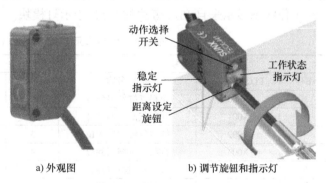

a) 外观图　　b) 调节旋钮和指示灯

图3-7　CX-441型光电开关的外形和调节旋钮、指示灯

在图3-7中，动作选择开关的功能是可选择受光动作（Light）或遮光动作（Drag）模式，受光动作是受光器接受到投光器的光后输出信号，遮光动作是受光器没有接受到投光器的光后输出信号。当此开关按顺时针方向充分旋转时（L侧），则进入检测-ON模式；当此开关按逆时针方向充分旋转时（D侧），则进入检测-OFF模式。

用来检测物料台上有无工件的光电开关是一个圆柱形漫射式光电接近开关，工作时向上发出光线，从而透过小孔检测是否有工件存在，该光电开关选用SICK公司产品MHT15-N2317型，其外形如图3-8所示。

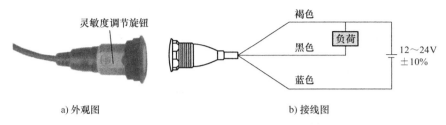

图 3-8 圆柱形漫射式光电接近开关

部分接近开关的图形符号如图 3-9 所示。图 3-9a、b、c 三种情况均使用 NPN 型晶体管集电极开路输出。如果是使用 PNP 型的,则正负极性应反过来。

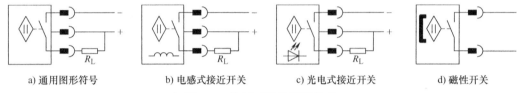

图 3-9 接近开关的图形符号

四、任务分析

(一) PLC 的 I/O 分配

本单元装置 PLC 选用 $FX_{2N}-32MR$ 主单元,共 16 点输入和 16 点继电器输出。根据工作任务的要求,供料单元 PLC 的 I/O 信号分配见表 3-1,接线原理图如图 3-10 所示。图中,电感式接近开关和光电式接近开关电源使用开关电源提供的 DC24V,本单元工作的主令信号和工作状态显示来自 PLC 旁边的按钮/指示灯模块。

表 3-1 供料单元 PLC 的 I/O 信号分配表

输入信号			输出信号		
序号	PLC 输入点	信号名称	序号	PLC 输出点	信号名称
1	X000	顶料气缸伸出到位	1	Y000	顶料电磁阀
2	X001	顶料气缸缩回到位	2	Y001	推料电磁阀
3	X002	推料气缸伸出到位	3	Y007	指示灯黄灯
4	X003	推料气缸缩回到位	4	Y010	指示灯绿灯
5	X004	出料台物料检测			
6	X005	供料不足检测			
7	X006	缺料检测			
8	X007	金属工件检测			
9	X012	停止按钮			
10	X013	起动按钮			
11	X015	工作方式选择(未用)			

(二) 供料单元单站控制的编程思路

PLC 上电后应首先进入初始状态检查阶段,本单元系统准备就绪的条件是两个气缸在上电和气源接入时在初始位置,料仓内有足够工件,且物料台上无工件。在系统开始工作前,

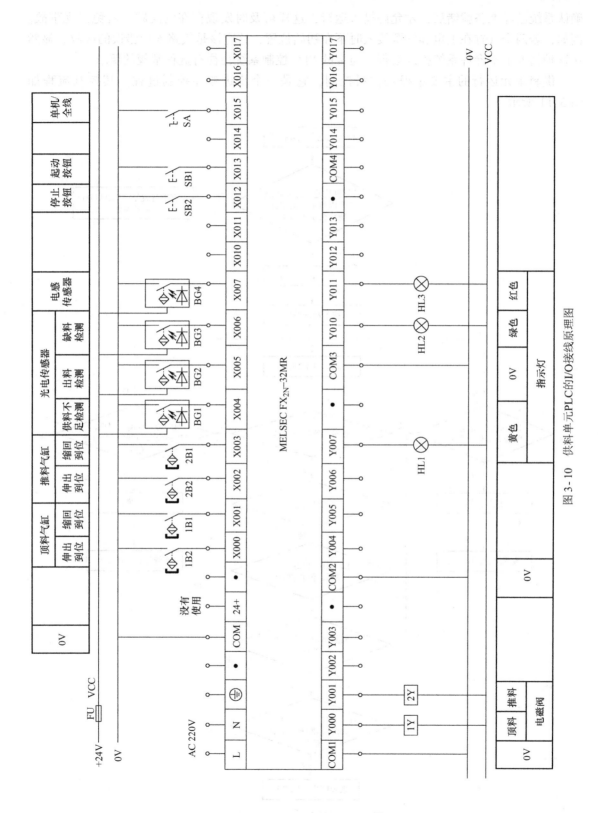

图3-10 供料单元PLC的I/O接线原理图

确认系统已经准备就绪后，才允许投入运行，这样可及时发现存在的问题，避免出现事故。例如，若两个气缸在上电和气源接入时不在初始位置，这应该是气路连接错误的缘故，显然在这种情况下不允许系统投入运行。通常的 PLC 控制系统往往有这种常规的要求。

供料单元运行的主要过程是供料控制，它是一个步进顺序控制过程。其控制流程如图 3-11 所示。

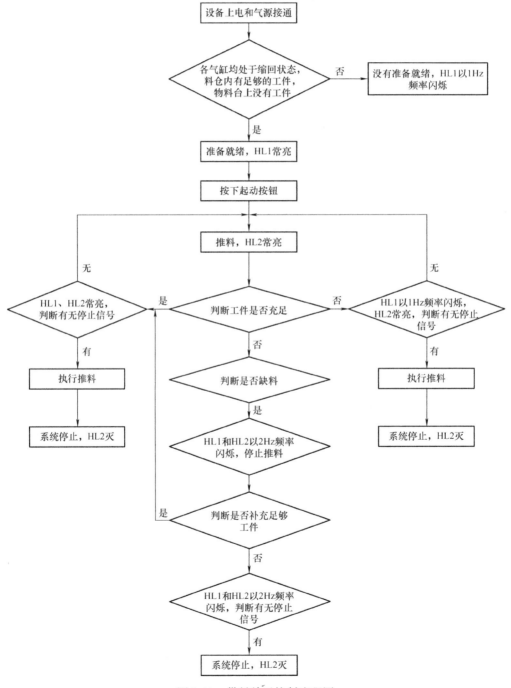

图 3-11　供料单元控制流程图

供料单元系统准备就绪条件的表达方式如图 3-12 所示。

图 3-12 供料单元系统准备就绪梯形图

供料单元运行的主要顺序功能图如图 3-13 所示。

本单元停止的要求是，必须接收到停止指令后，系统在完成本工作周期任务即返回到初始步后才复位，运行状态停止下来。

当发生工件不足报警时，料仓中最后一个工件被推出后，推料气缸复位到位，但系统不退出运行状态，仍保持在当前步，若向供料料仓加入足够的工件，系统继续运行，执行推料工作。

"正常工作"指示灯 HL1 黄灯与"设备运行"指示灯 HL2 绿灯的工作状态独立于顺序功能图之外，HL1 黄灯的工作状态分为初始准备、运行中料工件充足、运行中工件不足但不缺工件和运行中缺工件，将这几种状态并联起来就构成了 HL1 黄灯的运行状态；请自行编写。HL2 绿灯的工作状态分为运行中工件充足与工件不足（同一运行状态）、运行中缺工件，将这两种状态并联起来就构成了 HL1 绿灯的运行状态；请自行编写。

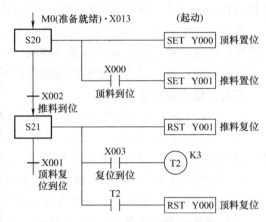

图 3-13 供料单元主要顺序功能图

五、任务实施

（一）机械本体与外围元器件的安装、气路连接

（1）机械本体的安装 首先把供料单元各零件组合成整体安装时的组件，然后把组件进行组装。所组合成的组件包括铝合金型材支撑架组件、物料台及料仓底座组件和推料机构组件，如图 3-14、图 3-15 及图 3-16 所示。

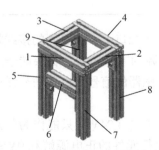

图 3-14 铝合金型材支撑架

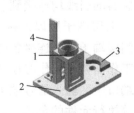

图 3-15 物料台及料仓底座

图 3-16 推料机构

铝合金型材支撑架组件安装步骤如下：

1）首先使用螺栓将铝合金型材 1、2、3 锁紧，注意调整好各边的平行及垂直度。

2）在用螺栓锁紧铝合金型材 4 前，需在铝合金型材 2、3 中分别放入两个螺母，分别用于支架 5、6、7、8 的连接固定。

3）用螺栓锁紧支架 5、6，然后在支架 6 中放置两个螺母用于固定推料机构，锁紧支架 7，再用螺栓将支架 8、支架 9、"H"型支架及"口"型铝合金型材连接固定。注意调节好所有支架与"口"型铝合金型材的垂直度。

物料台及料仓底座安装是将料仓 1、挡块 3、传感器支架 4 通过螺钉与底座 2 锁紧，注意料仓口方向朝前。推料机构组件是一个整体，一般情况下不进行拆卸。

各组件装配好后，用螺钉把它们连接为总体，再用橡皮锤把装料管敲入料仓底座。然后将连接好的供料单元机械本体以及电磁阀组和接线端子排固定在底板上，再将所有的传感器预紧在指定的位置，最后固定底板完成供料单元的安装。

安装过程中应注意：

1）装配铝合金型材支撑架时，注意调整好各支架的平行及垂直度，锁紧螺栓。

2）气缸安装板和铝合金型材支撑架的连接，一定要在相应的位置放置相应的螺母。如果没有放置螺母或没有放置足够多的螺母，将造成无法安装或安装不可靠。

3）机械机构固定在底板上的时候，需要将底板移动到操作台的边缘，螺栓从底板的反面拧入，将底板和机械机构部分的支撑型材连接起来。

（2）外围元器件的安装　在工作单元装置侧完成各传感器、电磁阀的安装固定后，将传感器与电磁阀引线连接到装置侧接线端口上；供料单元装置侧的接线端口上各电磁阀和传感器的引线安排见表 3-2。

表 3-2　供料单元装置侧的接线端口信号端子的分配

输入端口中间层			输出端口中间层		
端子号	设备符号	信号线	端子号	设备符号	信号线
2	1B2	顶料到位	2	1Y	顶料电磁阀
3	1B1	顶料复位	3	2Y	推料电磁阀
4	2B2	推料到位			
5	2B1	推料复位			
6	BG1	物料台物料检测			
7	BG2	物料不足检测			
8	BG3	物料有无检测			
9	BG4	金属材料检测			

机械装置上的各电磁阀和传感器的引线均连接到装置侧的接线端口上，装置侧的接线端口的接线端子采用三层端子结构，上层端子用以连接 DC24V 电源的 +24V 端，底层端子用以连接 DC24V 电源的 0V 端，中间层端子用以连接各电磁阀和传感器的信号线。各信号线端子的分配是可以调整的，可结合工作需要与工作习惯自行分配。

接线时应注意，装置侧接线端口中，输入信号端子的上层端子（+24V）只能作为传感器的正电源端，不可用于电磁阀等执行元件的负载。电磁阀等执行元件的正电源端和 0V 端应连接到输出信号端子下层端子的相应端子上，如图 3-17 所示。

（3）气路连接　气路安装前检查工作：装配前必须对所有的气路连接件进行检查，确保元件的形状、尺寸、型号、编码等正确，另外还须检查元件是否清洁，是否有磕碰、划伤等可见的缺陷，检查外表面有无油污、锈蚀和脏物。经上述检查后，方可进行装配，对于不符合要求的气路连接件不予装配。

安装气管时，其长度应有一定的余量，在插气管时，要符合气路流动方向，先连接阀体上的气管，再连接汇流板，并调整空气压缩机和减压阀气压压力大小，使其符合要求。

图 3-17 装置侧接线口

（二）电气安装与检查、气路调试

PLC 侧的接线，包括：电源接线，PLC 的 I/O 点和 PLC 侧接线端口之间的连线，PLC 的 I/O 点与按钮指示灯模块的端子之间的连线。具体接线要求与工作任务有关。电气接线的工艺应符合国家职业标准的规定。

PLC 的 I/O 引出线则连接到 PLC 侧的接线端口上，如图 3-18 所示，PLC 侧的接线端口的接线端子采用两层端子结构，上层端子用以连接各信号线，其端子号与装置侧的接线端口的接线端子相对应。底层端子用以连接 DC24V 电源的 +24V 端和 0V 端。其中，按钮主令信号直接与 PLC 的输入端相连，指示灯状态信号直接与 PLC 的输出端相连。

图 3-18 PLC 侧接线口

装置侧的接线端口和 PLC 侧的接线端口之间通过专用电缆连接，其中 25 针接头电缆连接 PLC 的输入信号，15 针接头电缆连接 PLC 的输出信号。

将抽屉内 PLC 侧电气接线完成后开始进行检查。首先是短路检查，检查开关电源输出的 DC24V，若测得有固定阻值（<1000Ω），则无短路现象；再检测 PLC 及开关电源的供电电源侧有无短路。无短路情况下方可上电。

上电后，检查按钮是否正常，分别按下起动、停止按钮，观察输入信号 X013、X012 的 LED 是否点亮；检测料仓内工件的传感器工作状态指示灯为橙色 LED（输出 ON 时亮起），稳定指示灯为绿色 LED（稳定工作状态时亮起），将漫射式光电接近开关按顺时针方向充分旋转时（L 侧），进入检测 - ON 模式。当料仓内有足够工件时，两个漫射式光电接近开关输出信号，PLC 通过 X005、X006 接收信号，X005、X006 有输入 LED 点亮，若无输入信号，应调整距离设定旋钮，调整距离时要注意逐步轻微旋转，否则若充分旋转距离调节器会空转。

在料仓内放置金属材料，检测电感传感器有无输出信号，即 PLC 有无输入信号 X007，若无，应调整检测距离。若调整检测距离仍无信号，在确认接线无误的情况下，可采用替代法，用同型号新的电感传感器替代，若故障排除，则说明原有的电感式传感器坏。

用来检测物料台上有无工件的光电接近开关，调试时先放置工件在物料台上，调整其灵敏度调节按钮，观察有无输入信号 X004。

使用手控开关对电磁阀进行控制，常态时，手控开关的信号为 "0"，其检测顶料气缸和推料气缸的缩回到位的磁性开关的 LED 为 "1",有输出信号,即有 PLC 输入信号 X001 和 X003;当用工具分别向下按时,信号为 "1",等同于该侧的电磁信号为 "1",顶料气缸和推料气缸执行伸出动作,其检测伸出到位的磁性开关的 LED 为 "1",有输出信号,即有 PLC 输入信号 X000 和 X002,若没有,则应调整磁性开关在气缸上的位置。

气路调试包括:

1) 用电磁阀上的手控开关验证顶料气缸和推料气缸的初始位置和动作位置是否正确。
2) 调整气缸节流阀控制活塞杆的往复运动速度,伸出速度以不推倒工件为准。

(三) 编制 PLC 程序

图 3-19 给出了系统程序梯形图,图中有供料单元步进顺序控制程序的梯形图,也有独立于步进顺序控制以外表示指示灯运行状态的梯形图,请读者自行分析。

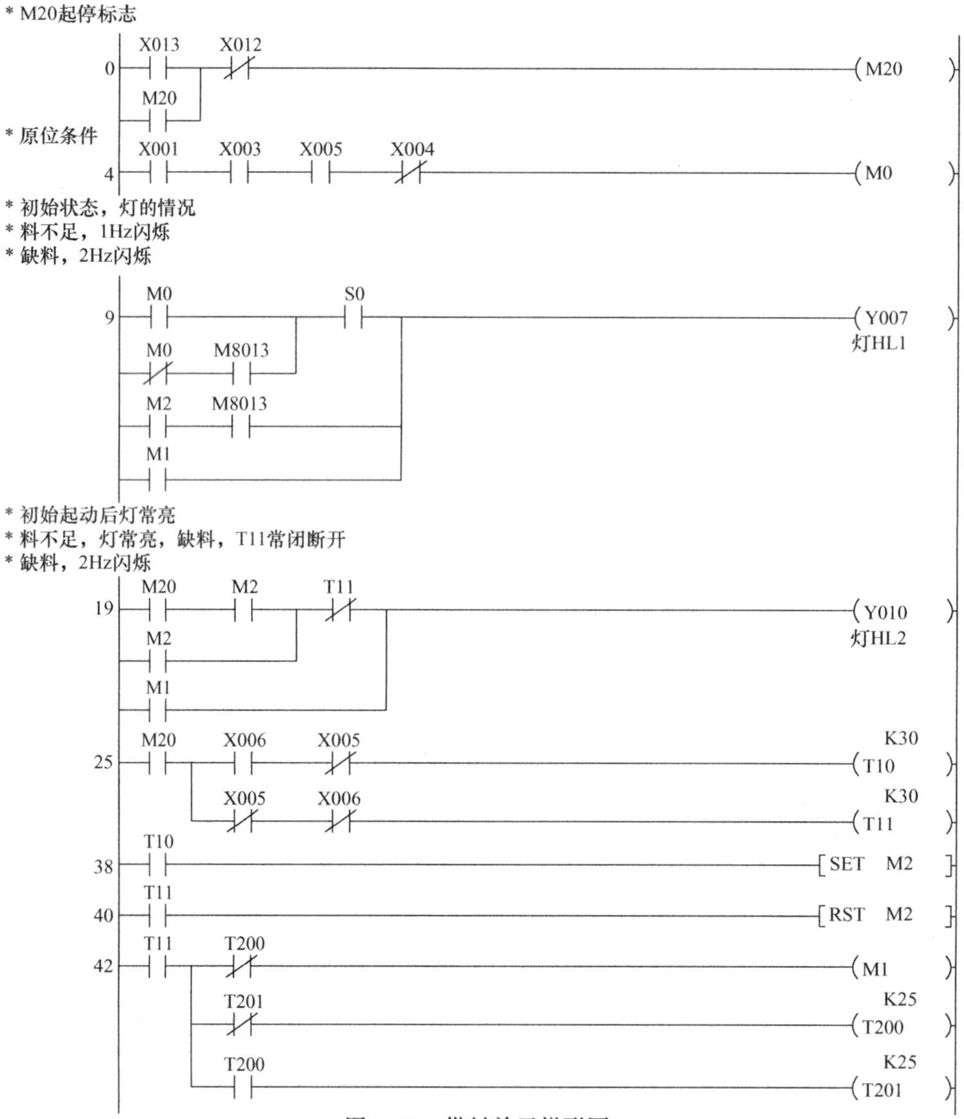

图 3-19 供料单元梯形图

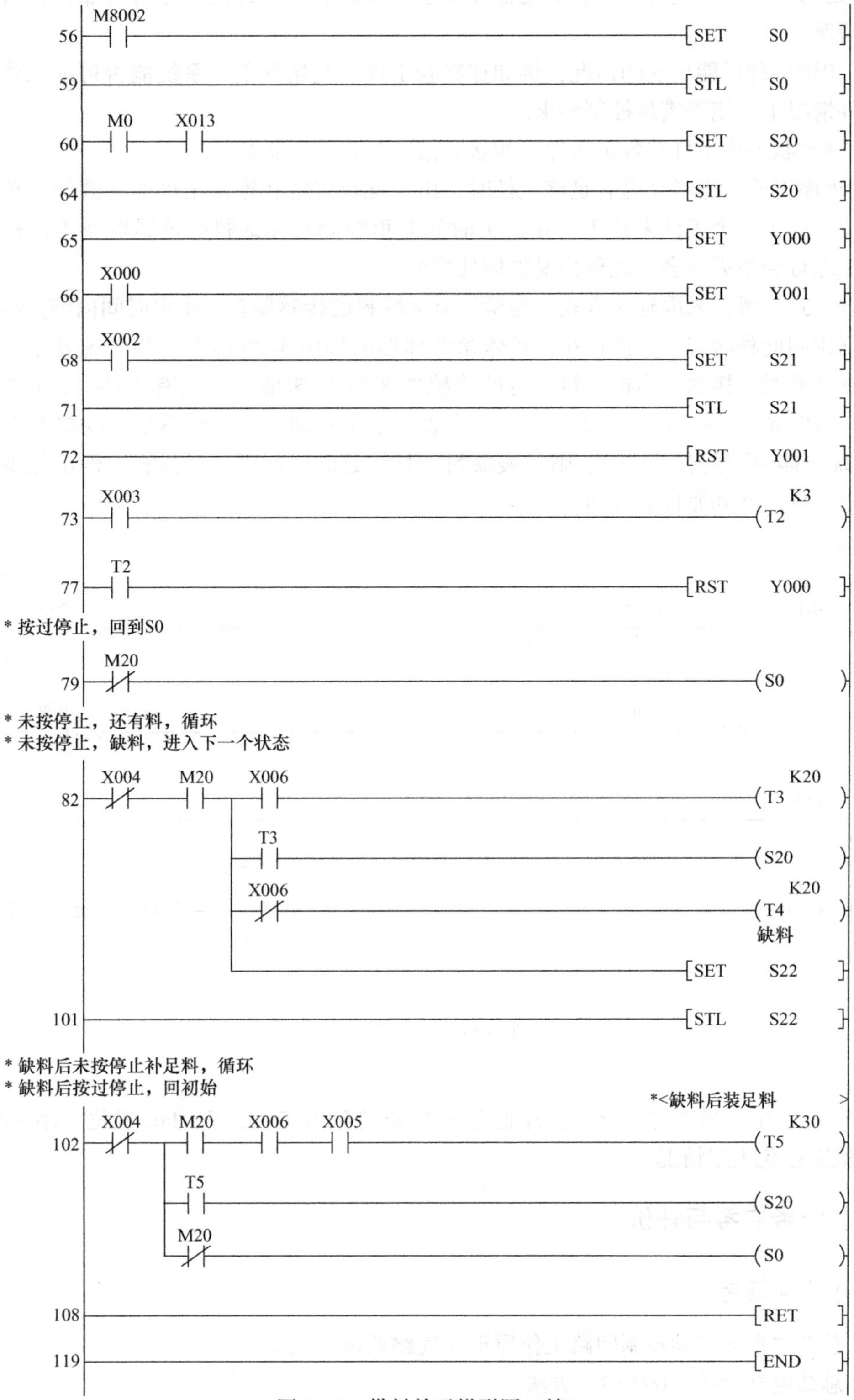

工件加工装配过程的自动控制 项目三

```
56  ─┤M8002├─────────────────────────────[SET  S0 ]
59  ─────────────────────────────────────[STL  S0 ]
60  ─┤M0├─┤X013├────────────────────────[SET  S20]
64  ─────────────────────────────────────[STL  S20]
65  ─────────────────────────────────────[SET  Y000]
66  ─┤X000├─────────────────────────────[SET  Y001]
68  ─┤X002├─────────────────────────────[SET  S21]
71  ─────────────────────────────────────[STL  S21]
72  ─────────────────────────────────────[RST  Y001]
                                              K3
73  ─┤X003├─────────────────────────────(T2    )
77  ─┤T2├───────────────────────────────[RST  Y000]
```

*按过停止，回到S0

```
79  ─┤/M20├────────────────────────────( S0 )
```

*未按停止，还有料，循环
*未按停止，缺料，进入下一个状态

```
                                              K20
82  ─┤/X004├─┤M20├─┤X006├──────────────(T3    )
         ├─┤T3├─────────────────────────(S20 )
         ├─┤/X006├─────────────────────(T4    )
                                          K20
                                         缺料
         └────────────────────────────[SET  S22]
101 ─────────────────────────────────────[STL  S22]
```

*缺料后未按停止补足料，循环
*缺料后按过停止，回初始
                                      *<缺料后装足料>
```
                                              K30
102 ─┤/X004├─┤M20├─┤X006├─┤X005├─────(T5    )
         ├─┤T5├─────────────────────────(S20 )
         ├─┤/M20├───────────────────────(S0  )
108 ─────────────────────────────────────[RET ]
119 ─────────────────────────────────────[END ]
```

图 3-19　供料单元梯形图（续）

调试步骤如下：

1）运行程序，检查动作是否满足任务要求，检查运行后各连接是否可靠，是否存在接触不良情况。

2）调试各种可能出现的情况，例如在料仓工件不足情况下，系统能否可靠工作；料仓没有工件情况下，能否满足控制要求。

3）调试状态指示灯在各种条件下的状态指示是否符合要求。

4）程序说明。当料仓内有足够工件时，由于推料气缸在推出工件的一瞬间，顶料气缸还未复位，而下一个工件未落下，在这个时间差里检测有无缺料的传感器就无法检测到工件，HL2绿灯会熄灭一会，此种情况如何处理？

处理方式参考：采取延时方式，当检测有无缺料的传感器在一小段时间内能连续检测到工件，则说明此种状态下工件存在，具体参考梯形图如图3-20所示。当系统处于运行状态时，M20常开触点接通，当检测料不足的传感器连续3s未能检测到有工件时，T10线圈得电动作，T10常开触点闭合，M2置位，则代表料不足；同理，当料不足与缺料两个传感器能连续3s未能检测到有工件时，则代表缺料。具体延时时间可自行设置，但不能少于推料气缸推出工件后回到原位的时间。

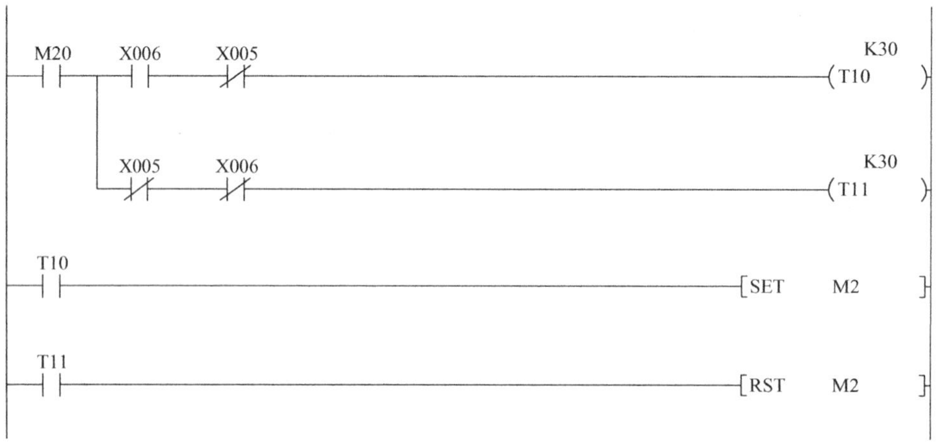

图3-20 参考梯形图

在图3-20中，当系统运行中，若能连续2s检测到有工件，则M40置位，用M40代替X006，就能避免上述情况。

六、任务思考与评价

（一）任务思考

1）总结本单元气动控制回路工作原理和气路调试方法。

2）总结电气接线、I/O检测方法。

3）编程：当推出的工件数满 5 个时，待人工取走工件后，系统停止工作。

4）编程：当电感传感器检测到金属工件时，系统在执行推料动作后停止推料，系统停止工作。

（二）任务评价

<table>
<tr><td colspan="3" align="center">评价表　　　　　编号：06</td><td colspan="6"></td></tr>
<tr><td colspan="2">项目三 任务一</td><td>供料单元的安装与调试</td><td colspan="6">总学时：10</td></tr>
<tr><td colspan="2">团队负责人</td><td></td><td colspan="2">团队成员</td><td colspan="4"></td></tr>
<tr><td colspan="2">评价项目</td><td>评定标准</td><td>自评</td><td>互评1</td><td>互评2</td><td>互评3</td><td>教师</td><td>团队</td></tr>
<tr><td rowspan="3">专业能力（50分）</td><td>机械安装、气路连接及工艺（10分）
I/O 电气安装（10分）</td><td>机械装配完整、安装定位符合要求；气路连接符合规范；I/O 端口进出线长度、颜色合理，工艺符合规范。
□优(20)　□良(16)　□中(14)　□差(10)</td><td></td><td></td><td></td><td></td><td></td><td></td></tr>
<tr><td>程序的编制</td><td>程序正确合理，使用方法正确规范。
□优(10)　□良(8)　□中(6)　□差(4)</td><td></td><td></td><td></td><td></td><td></td><td></td></tr>
<tr><td>气路调整（2分）、传感器调节（3分）、功能检测调试（15分）</td><td>调试方法正确，工具仪器使用得当。
□优(20)　□良(16)　□中(14)　□差(10)</td><td></td><td></td><td></td><td></td><td></td><td></td></tr>
<tr><td rowspan="3">方法能力（30分）</td><td>独立学习的能力</td><td>能够独立学习新知识和新技能，完成工作任务。
□优(10)　□良(8)　□中(6)　□差(4)</td><td></td><td></td><td></td><td></td><td></td><td></td></tr>
<tr><td>分析并解决问题的能力</td><td>独立解决工作中出现的各种问题，顺利完成工作任务。
□优(10)　□良(8)　□中(6)　□差(4)</td><td></td><td></td><td></td><td></td><td></td><td></td></tr>
<tr><td>获取信息能力</td><td>通过网络、书籍、技术手册等获取信息，整理资料，获取所需知识。
□优(10)　□良(8)　□中(6)　□差(4)</td><td></td><td></td><td></td><td></td><td></td><td></td></tr>
<tr><td rowspan="2">社会能力（20分）</td><td>团队协作和沟通能力</td><td>团队成员之间相互沟通与协商，具备良好的群体意识，通力合作，圆满完成工作任务。
□优(10)　□良(8)　□中(6)　□差(4)</td><td></td><td></td><td></td><td></td><td></td><td></td></tr>
<tr><td>工作责任心与职业道德</td><td>具备良好的工作责任心、群体意识和职业道德。注意劳动安全。
□优(10)　□良(8)　□中(6)　□差(4)</td><td></td><td></td><td></td><td></td><td></td><td></td></tr>
<tr><td colspan="3" align="center">小计</td><td></td><td></td><td></td><td></td><td></td><td></td></tr>
<tr><td colspan="3" align="center">总分
（总分 = 自评×15% + 互评×15% + 教师×30% + 团队×40%）</td><td colspan="6"></td></tr>
<tr><td colspan="2">评价教师</td><td></td><td colspan="3">日期</td><td colspan="3"></td></tr>
<tr><td colspan="2">学生确认</td><td></td><td colspan="3">日期</td><td colspan="3"></td></tr>
</table>

任务二　加工单元的安装与调试

一、加工单元的主要组成与功能

加工单元的功能是把放置在物料台上的工件（工件由输送单元的抓取机械手装置送来）送到冲压机构下面，完成一次冲压加工动作，再送回到物料台上，待输送单元的抓取机械手装置取出。加工单元装置侧主要结构组成为：加工台及滑动机构、加工（冲压）机构、电磁阀组、接线端口、底板等。其中，加工单元结构如图 3-21 所示。

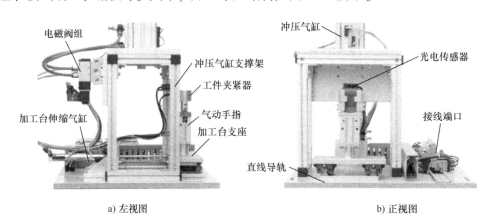

a) 左视图　　　　　　　　　　　　　　b) 正视图

图 3-21　加工单元装置侧外观图

加工台及滑动机构如图 3-22 所示。加工台用于固定被加工件，并把工件移到加工（冲压）机构正下方进行冲压加工。它主要由气动手爪、手指、加工台伸缩气缸、线性导轨及滑块、磁感应接近开关、漫射式光电传感器组成。

滑动加工台的工作原理：在系统正常工作后的滑动加工台初始状态为伸缩气缸伸出，加工台气动手指张开的状态，当输送单元把工件送到物料台上，光电传感器检测到

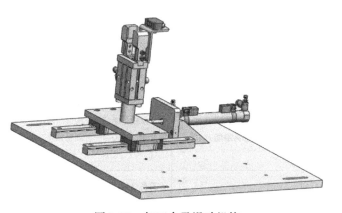

图 3-22　加工台及滑动机构

工件后，PLC 控制程序驱动气动手指将工件夹紧→到位后加工台缩回到加工区域冲压气缸下方→到位后冲压气缸活塞杆向下伸出冲压工件→完成冲压动作后冲压气缸活塞杆向上缩回→到位后加工台重新伸出→到位后气动手指松开的顺序完成工件加工工序，并向系统发出加工完成信号。为下一次工件到来加工做准备。

物料台上安装有一个漫射式光电接近开关（光电传感器），若加工台上没有工件，则漫

射式光电接近开关均处于常态；若加工台上有工件，则漫射式光电接近开关动作，表明加工台上已有工件。该光电传感器的输出信号送到加工单元 PLC 的输入端，用以判别加工台上是否有工件需进行加工。

加工（冲压）机构如图 3-23 所示。加工机构用于对工件进行冲压加工。它主要由冲压气缸、冲压头及安装板等组成。

加工（冲压）机构的工作原理是当工件到达冲压位置，冲压气缸伸出对工件进行加工，完成加工动作后冲压气缸缩回，为下一次冲压做准备。冲压头安装在冲压气缸头部，安装板用于安装冲压气缸，对冲压气缸进行固定。

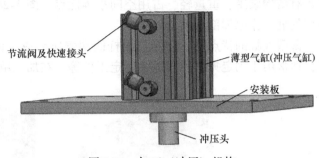

图 3-23 加工（冲压）机构

二、任务描述

本任务只考虑加工单元单站运行时的情况，具体的控制要求为：

1）设备上电和气源接通后，当滑动加工台伸缩气缸处于伸出位置，滑动加工台气动手指松开的状态，冲压气缸处于缩回位置，急停开关没有按下。指示灯 HL1 黄灯常亮，表示设备准备好。否则，该指示灯 HL1 黄灯以 1Hz 频率闪烁。

2）若设备准备好，按下起动按钮，工作单元起动，"设备运行"指示灯 HL2 绿灯常亮。当待加工工件送到加工台上并被检出后，设备执行将工件夹紧，送往加工区域冲压，完成冲压动作后返回待料位置的工件加工工序。如果没有停止信号输入，当再有待加工工件送到加工台上时，加工单元将开始下一周期工作。

3）在工作过程中，若按下停止按钮，HL2 绿灯熄灭，加工单元在完成本周期动作后停止工作。

4）在工作过程中，当急停按钮被按下时，本单元所有机构应立即停止运行，指示灯 HL1 黄灯以 1Hz 频率闪烁。急停解除后，从急停前的断点开始继续运行，指示灯 HL1 黄灯恢复常亮。

要求完成如下具体任务：

规划 PLC 的 I/O 分配及接线端子分配。

机械本体与外围元器件的安装、气路连接。

电气安装与检查，气路调试。

按控制要求编制 PLC 程序。

进行调试与运行。

三、相关知识点

加工单元所使用气动执行元件包括标准直线气缸、薄型气缸（冲压气缸）和气动手指，下面只介绍前面尚未提及的薄型气缸和气动手指。

(一) 薄型气缸

薄型气缸属于省空间气缸类，即气缸的轴向或径向尺寸比标准气缸有较大减小的气缸。它具有结构紧凑、重量轻、占用空间小等优点。图3-24a是薄型气缸的实例图，图3-24b是薄型气缸工作原理剖视图。

薄型气缸的特点是：缸筒与无杆侧端盖压铸成一体，杆盖用弹性挡圈固定，缸体为方形，通常用于固定夹具和搬运中固定工件等。在加工单元中，薄型气缸用于冲压。

a) 薄型气缸实例

b) 工作原理剖视图

图3-24 薄型气缸的实例图

(二) 气动手指

气动手指用于抓取、夹紧工件。加工单元所使用的是滑动导轨型气动手指，如图3-25a所示。其工作原理可从其中剖面图（见图3-25b、c）看出。

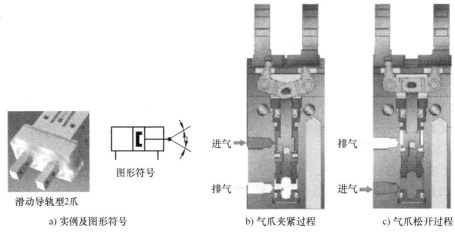

图3-25 气动手指实物和工作原理

(三) 气动控制回路

加工单元的气动控制元件均采用二位五通单电控电磁换向阀，各电磁阀均带有手动换向和加锁钮。它们集中安装成阀组固定在冲压支撑架后面。

气动控制回路的工作原理如图3-26所示。3B1和3B2为安装在冲压气缸的上限和下限的磁感应接近开关，2B1和2B2为安装在加工台伸缩气缸的缩回到位和伸出到位的磁感应接近开关，1B2 为安装在气动手指工作位置的磁感应接近开关，1Y、2Y 和 3Y 分别为控制气动手指、加工台伸缩气缸和冲压气缸的电磁阀的电磁控制端。具体气动控制回路工作过程这里不再重复，请读者自行分析。

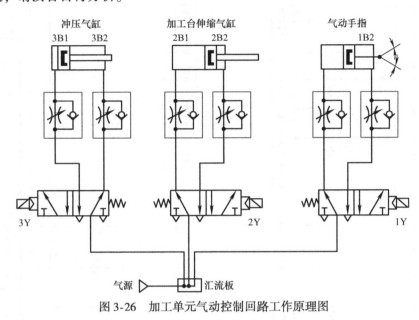

图 3-26　加工单元气动控制回路工作原理图

四、任务分析

（一）PLC 的 I/O 分配

本单元装置 PLC 选用 FX_{2N}-32MR 主单元，共 16 点输入和 16 点继电器输出。根据工作任务的要求，工作单元 PLC 的 I/O 信号分配见表 3-3，接线原理图如图 3-27 所示。图中，光电式接近开关电源和电磁阀电源使用开关电源提供的 DC24V，本单元工作的主令信号和工作状态显示来自 PLC 旁边的按钮/指示灯模块。

表 3-3　加工单元 PLC 的 I/O 分配表

输入信号			输出信号		
序号	PLC 输入点	信号名称	序号	PLC 输出点	信号名称
1	X000	加工台物料检测	1	Y000	夹紧电磁阀
2	X001	工件夹紧检测	2	Y001	料台伸缩电磁阀
3	X002	加工台伸出到位	3	Y002	加工压头电磁阀
4	X003	加工台缩回到位	4	Y007	正常工作指示（黄灯）
5	X004	加工压头上限	5	Y010	运行指示（绿灯）
6	X005	加工压头下限			
7	X012	停止按钮			
8	X013	起动按钮			
9	X014	急停按钮			
10	X015	工作方式选择（未用）			

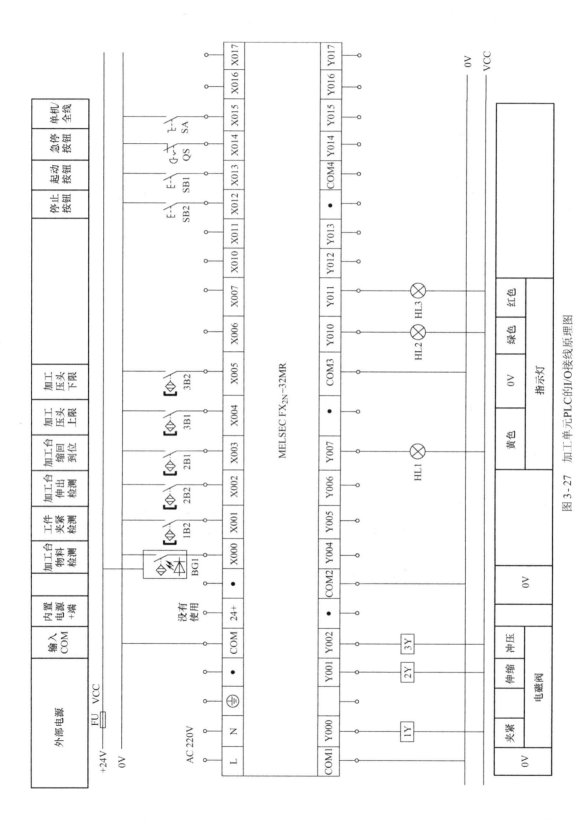

图 3-27 加工单元PLC的I/O接线原理图

（二）加工单元单站控制的编程思路

PLC 上电后应首先进入初始状态检查阶段，本单元系统准备就绪的条件是滑动加工台伸缩气缸处于伸出位置，加工台气动手爪松开的状态，冲压气缸处于缩回位置，急停开关没有按下。处理方式与供料单元类似。这里需要注意的是，外接的急停开关是常闭触点接入到 PLC 的输入端。

加工单元的工作过程是一个步进顺序控制过程。其控制流程如图 3-28 所示。状态指示灯的处理独立于步进顺序控制流程之外，其处理方式与供料单元类似。

当急停按钮被按下时，本单元所有机构应立即停止运行，急停解除后，从急停前的断点开始继续运行，这里的处理方式是采用特殊辅助继电器 M8040，其功能是当其线圈得电时，禁止所有状态转移，保持在原来状态，当其线圈失电，从该状态恢复。

五、任务实施

（一）机械本体的安装

气路和电路连接注意事项在供料单元中已经叙述，这里只讨论加工单元机械部分安装、调整方法。

加工单元的装配过程包括两部分：一是加工机构组件装配，图 3-29 是加工机构组件装配图；二是滑动加工台组件装配，图 3-30 是滑动加工台组件装配图。然后进行总装，图 3-31 是整个加工单元的组装。

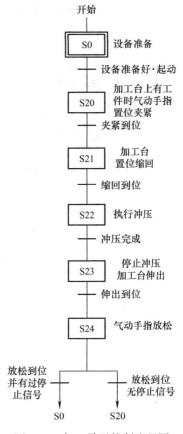

图 3-28 加工单元控制流程图

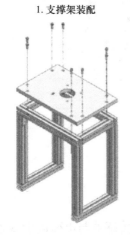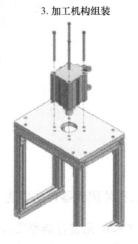

图 3-29 加工机构组件装配图

在安装支撑架时，注意调整好各边的平行及垂直度。冲压气缸和冲压头是一个整体，一般情况下不进行拆卸。用螺钉把支撑架和冲压机构连接为加工机构。

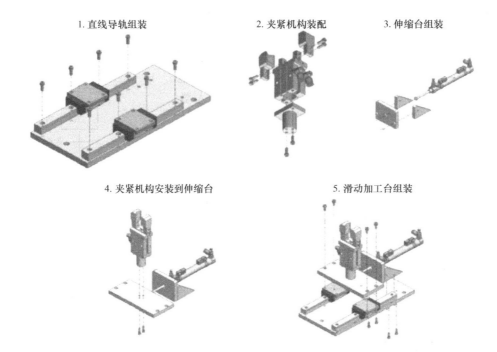

图 3-30　滑动加工台组件装配图

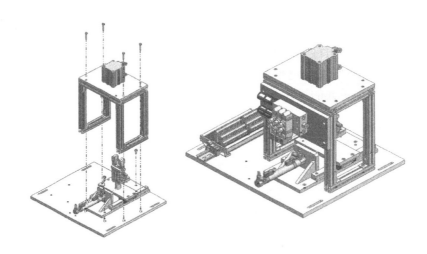

图 3-31　加工单元的组装

（二）外围元器件的安装

在工作单元装置侧完成各传感器、电磁阀的安装固定后，将传感器与电磁阀引线连接到装置侧接线端口上。加工单元装置侧的接线端口信号端子的分配见表 3-4。

工件加工装配过程的自动控制

表 3-4　加工单元装置侧的接线端口信号端子的分配

输入端口中间层			输出端口中间层		
端子号	设备符号	信号线	端子号	设备符号	信号线
2	SC1	加工台物料检测	2	1Y	夹紧电磁阀
3	1B2	工件夹紧检测	3	2Y	伸缩电磁阀
4	2B2	加工台伸出到位	4	3Y	冲压电磁阀
5	2B1	加工台缩回到位			
6	3B1	加工压头上限			
7	3B2	加工压头下限			

气路的连接、电气安装与检查、气路调试与供料单元类似，这里不再详细说明。

(三) 编制 PLC 程序

图 3-32 给出了系统程序梯形图，图中有加工单元步进顺序控制程序的梯形图，也有独立于步进顺序控制以外表示指示灯运行状态的梯形图，还有在运行过程中急停开关合上时的处理，请读者自行分析。

调试步骤如下：

1) 调整气动部分，检查气路是否正确，气压是否合理，应保证气缸运行顺畅和平稳。
2) 检查磁性开关的安装位置是否到位，磁性开关工作是否正常。
3) 检查光电传感器的安装位置是否合适，当加工台上有工件时，光电传感器是否动作。
4) 检查 I/O 接线是否正确。
5) 录入梯形图程序，送入 PLC，将 PLC 的工作状态开关放在 "RUN" 处，程序切换至监控状态。
6) 运行程序，检查动作是否满足任务要求，检查运行后各连接是否可靠，是否存在接触不良情况。
7) 调试各种可能出现的情况，例如在急停开关按下时，系统能否暂停工作，急停开关复位时，系统能否恢复当前工作。
8) 调试状态指示灯在各种条件下的状态指示是否符合要求。

六、任务思考与评价

(一) 任务思考

1) 总结电气接线、I/O 检测及故障排除方法。
2) 总结顺序控制编程方法及特殊辅助继电器 M8040 的使用方法。
3) 编程：当加工的工件数满 10 个时，待人工取走工件后，系统停止工作。
4) 除了使用特殊辅助继电器 M8040 实现系统暂停工作外，是否有其他方法实现。

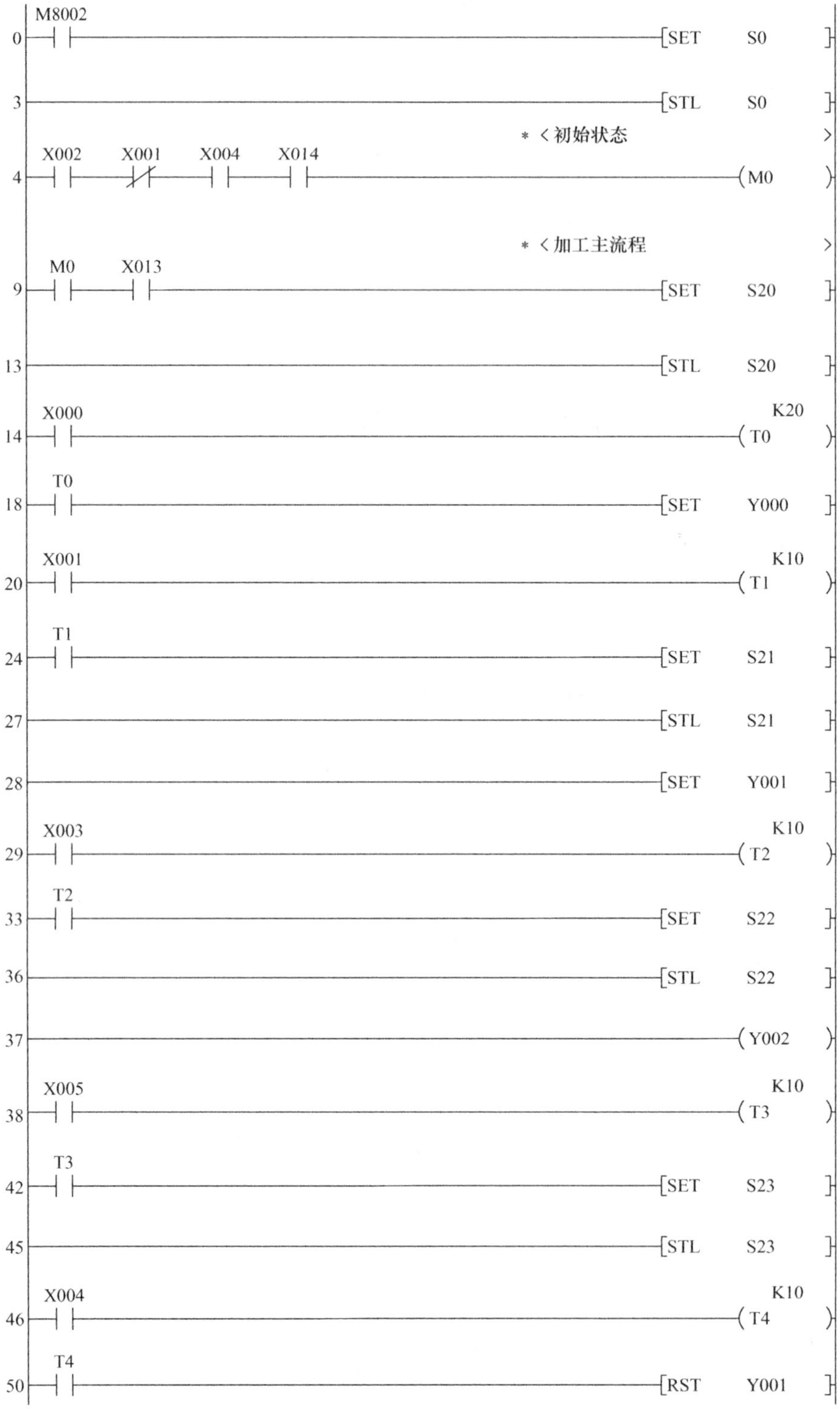

```
         M8002
  0 ─────┤├──────────────────────────────────[SET    S0  ]

  3 ─────────────────────────────────────────[STL    S0  ]
                                                    *<初始状态>
         X002   X001   X004   X014
  4 ─────┤├────┤/├────┤├────┤├──────────────────────(M0  )
                                                    *<加工主流程>
         M0    X013
  9 ─────┤├────┤├───────────────────────────[SET    S20 ]

 13 ─────────────────────────────────────────[STL    S20 ]
         X000                                       K20
 14 ─────┤├───────────────────────────────────(T0   )
         T0
 18 ─────┤├────────────────────────────────[SET    Y000]
         X001                                       K10
 20 ─────┤├───────────────────────────────────(T1   )
         T1
 24 ─────┤├────────────────────────────────[SET    S21 ]

 27 ─────────────────────────────────────────[STL    S21 ]

 28 ─────────────────────────────────────────[SET    Y001]
         X003                                       K10
 29 ─────┤├───────────────────────────────────(T2   )
         T2
 33 ─────┤├────────────────────────────────[SET    S22 ]

 36 ─────────────────────────────────────────[STL    S22 ]

 37 ───────────────────────────────────────────(Y002)
         X005                                       K10
 38 ─────┤├───────────────────────────────────(T3   )
         T3
 42 ─────┤├────────────────────────────────[SET    S23 ]

 45 ─────────────────────────────────────────[STL    S23 ]
         X004                                       K10
 46 ─────┤├───────────────────────────────────(T4   )
         T4
 50 ─────┤├────────────────────────────────[RST    Y001]
```

图 3-32　加工

工件加工装配过程的自动控制

单元梯形图

自动化生产线安装与调试

（二）任务评价

评价表		编号：7						
项目三 任务二		加工单元的安装与调试			总学时：10			
团队负责人		团队成员						
评价项目		评定标准	自评	互评1	互评2	互评3	教师	团队
专业能力（50分）	机械安装、气路连接及工艺（10分）I/O电气安装（10分）	机械装配完整、安装定位符合要求；气路连接符合规范；I/O端口进出线长度、颜色合理，工艺符合规范。 □优(20) □良(16) □中(14) □差(10)						
	程序的编制	程序正确合理，使用方法正确规范。 □优(10) □良(8) □中(6) □差(4)						
	气路调整（2分）、传感器调节（3分）、功能检测调试（15分）	调试方法正确，工具仪器使用得当。 □优(20) □良(16) □中(14) □差(10)						
方法能力（30分）	独立学习的能力	能够独立学习新知识和新技能，完成工作任务。 □优(10) □良(8) □中(6) □差(4)						
	分析并解决问题的能力	独立解决工作中出现的各种问题，顺利完成工作任务。 □优(10) □良(8) □中(6) □差(4)						
	获取信息能力	通过网络、书籍、技术手册等获取信息，整理资料，获取所需知识。 □优(10) □良(8) □中(6) □差(4)						
社会能力（20分）	团队协作和沟通能力	团队成员之间相互沟通与协商，具备良好的群体意识，通力合作，圆满完成工作任务。 □优(10) □良(8) □中(6) □差(4)						
	工作责任心与职业道德	具备良好的工作责任心、群体意识和职业道德。注意劳动安全。 □优(10) □良(8) □中(6) □差(4)						
小计								
总分 （总分 = 自评×15% + 互评×15% + 教师×30% + 团队×40%）								
评价教师		日期						
学生确认		日期						

任务三 装配单元的安装与调试

一、装配单元的主要组成与功能

装配单元的基本功能是将该单元料仓内的金属、黑色或白色小圆柱工件嵌入到放置在装配料斗的待装配工件中，完成一次装配过程。装配单元的结构组成包括：管形料仓、供料机构、回转物料台，装配机械手、装配台料斗、气动系统及其阀组、接线端口、警示灯、铝型材支架及底板、传感器、按钮/指示灯模块、安装支架等。其中，机械装配图如图 3-33 所示。

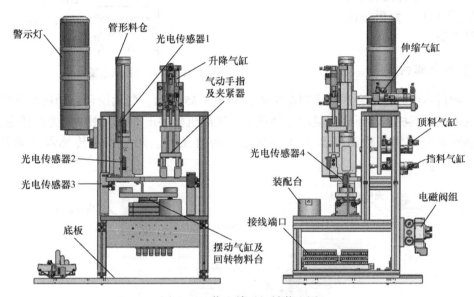

图 3-33 装配单元机械装配图

（一）管形料仓

管形料仓用来存储装配用的金属、黑色和白色小圆柱零件。它由塑料圆管和中空底座构成。工件竖直放入料仓的空心圆管内，由于二者之间有一定的间隙，使其能在重力作用下自由下落。

为了检测料仓内是否工件不足和没有工件，在塑料圆管底部和底座处分别安装了 1 个漫射式光电传感器（光电传感器1和光电传感器2），型号与供料单元一致（CX-441型），并在料仓塑料圆柱上纵向铣槽，以使光电传感器的红外光斑能可靠照射到被检测的物料上。

（二）供料机构

图 3-34 所示是供料机构示意图。料仓底座的背面安装了两个直线气缸。上面的气缸称为顶料气缸，下面的气缸称为挡料气缸。

系统气源接通后，顶料气缸的初始位置在缩回状态，挡料气缸的初始位置在伸出状态。

这样，当从料仓上面放下工件时，工件将被挡料气缸活塞杆伸出终端的挡块阻挡而不能落下。

当需要进行落料操作时，首先使顶料气缸伸出，把次下层的工件顶紧，然后挡料气缸缩回，工件掉入回转物料台的料盘 1 中。然后挡料气缸复位伸出，顶料气缸缩回，次下层工件跌落到挡料气缸终端挡块上，为再一次供料作好准备。

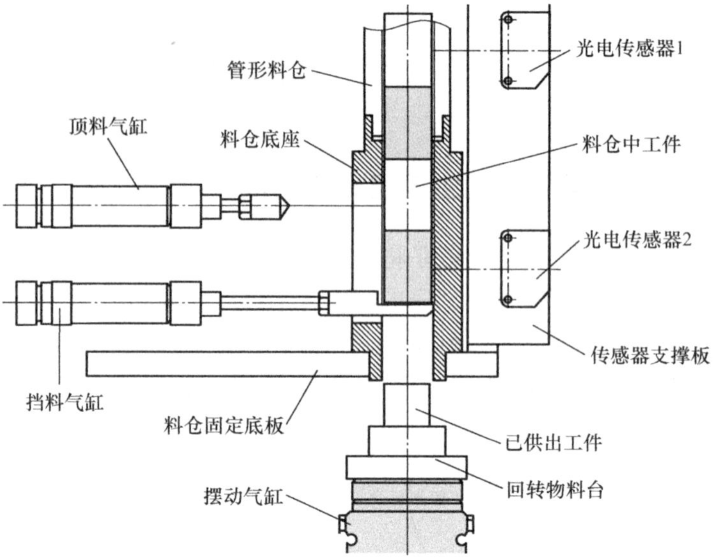

（三）回转物料台

图 3-34 供料机构示意图

回转物料台由气动摆台和两个料盘组成，如图 3-35 所示。气动摆台驱动料盘旋转 180°，从而实现把从供料机构落下到料盘的工件移动到装配机械手正下方。图中的光电传感器 3 和光电传感器 4 分别用来检测料盘 1 和料盘 2 是否有工件。两个光电传感器均选用 CX - 441 型。

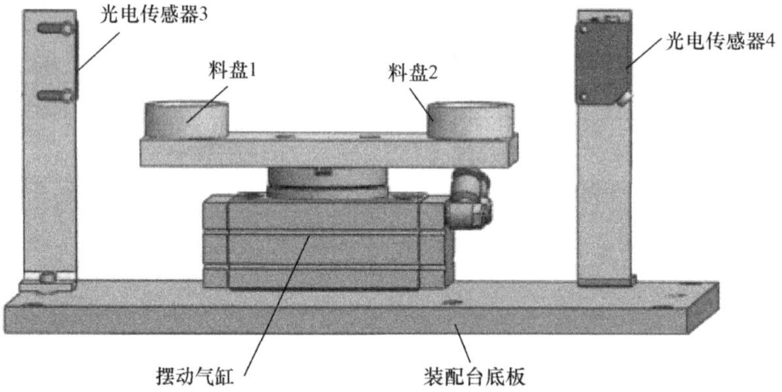

图 3-35 回转物料台的结构

（四）装配机械手和装配台料斗

装配机械手是整个装配单元的核心。当装配机械手正下方的回转物料台料盘上有小圆柱工件，且装配台上有待装配工件（装配台侧面的安装有光纤传感器检测）时，机械手从初始状态开始执行装配操作过程，将小圆柱工件放至装配台料斗的待装配工件中。

图 3-36 所示的装配机械手装置是一个三维运动机构，它由水平方向移动和竖直方向移动的两个导向气缸和气动手指组成。

装配机械手的运行过程如下：

PLC 驱动升降气缸相连的电磁换向阀动作，升降气缸驱动气动手指向下移动，到位后，气动手指驱动手爪夹紧小工件，到位后 PLC 控制升降气缸上升复位，被夹紧的小工件随气动手指一并提起，升到最高位后，PLC 驱动伸缩气缸活塞杆伸出，移动到伸缩气缸前端位置后，升降气缸再次被驱动下移，移动到最下端位置，气动手指松开，经短暂延时，升降气缸复位上升，伸缩气缸复位缩回，机械手恢复初始状态。

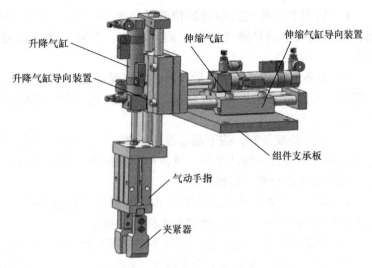

图 3-36　装配机械手装置

在整个机械手动作过程中，除气动手指松开到位无磁性开关检测外（可采用延时处理），其余动作的到位信号检测均采用与气缸配套的磁性开关，将采集到的信号输入 PLC，由 PLC 输出信号驱动电磁阀换向，使由气缸及气动手指组成的机械手按程序自动运行。

输送单元运送来的待装配工件直接放置在装配台料斗中，由料斗定位孔与工件之间的较小的间隙配合实现定位，从而完成准确的装配动作和定位精度。装配台料斗与回转物料台组件共用支承板，如图 3-37 所示。

（五）警示灯

本工作单元上安装有红、黄、绿三色警示灯，它是作为整个系统警示用的。警示灯有五根引出线，其中黄绿交叉线为"地线"；红色线，用于红色灯控制；黄色线，用于黄色灯控制；绿色线，用于绿色灯控制；黑色线，用于信号灯公共控制。接线如图 3-38 所示。

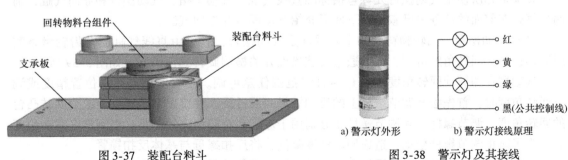

图 3-37　装配台料斗　　　　　　　图 3-38　警示灯及其接线

二、任务描述

本任务只考虑装配单元单站运行时的情况，具体的控制要求为：

1）装配单元各气缸的初始位置为：挡料气缸处于伸出状态，顶料气缸处于缩回状态，装配机械手的升降气缸处于提升状态，手臂伸缩气缸处于缩回状态，气爪处于松开状态。

2）设备上电和气源接通后，若各气缸满足初始位置要求，且料仓上已经有足够的小圆柱零件；工件装配台上没有待装配工件。则黄色警示灯常亮，表示设备准备好。否则，该黄色警示灯以1Hz频率闪烁。

3）若设备准备好，按下起动按钮，装配单元起动，绿色警示灯常亮。如果回转物料台上的左料盘内没有小圆柱零件，就执行下料操作；如果左料盘内有零件，而右料盘内没有零件，执行回转物料台回转操作。

4）如果回转物料台上的右料盘内有小圆柱零件且装配台上有待装配工件，执行装配机械手抓取小圆柱零件，放入待装配工件中的操作。

5）完成装配任务后，装配机械手应返回初始位置，等待下一次装配。

6）若在运行过程中按下停止按钮，则供料机构应立即停止供料，在装配条件满足的情况下，装配单元在完成本次装配后停止工作。

7）在运行中发生"零件不足"报警时，红色警示灯以1Hz的频率闪烁，绿色警示灯和黄色警示灯常亮；在运行中发生"零件没有"报警时，红色警示灯以亮1s灭0.5s的方式闪烁，绿色警示灯熄灭，黄色警示灯常亮。

要求完成如下具体任务：

1）规划PLC的I/O分配及接线端子分配。
2）机械本体与外围元器件的安装、气路连接。
3）电气安装与检查，气路调试。
4）按控制要求编制PLC程序。
5）进行调试与运行。

三、相关知识点

（一）装配单元的气动元件

装配单元所使用气动执行元件包括标准直线气缸、气动手指、气动摆台和导向气缸，前两种气缸在前面的任务中已叙述，下面只介绍气动摆台和导向气缸。

（1）气动摆台 回转物料台的主要器件是气动摆台，它是由直线气缸驱动齿轮齿条实现回转运动，回转角度可调，可以通过安装磁性开关检测旋转到位信号，如图3-39所示。

气动摆台的摆动回转角度能在0°~180°范围任意可调。当需要调整摆动位置精度或调节回转角度时，首先松开调节螺杆上的反扣螺母，通过旋入和旋出调节螺杆，改变回转凸台的回转角度，调节螺杆1和调节螺杆2分别用于左旋和右旋角度的调整。当调整好摆动角度后，为了防止调节螺杆松动，造成回转精度降低，将反扣螺母与基体反扣锁紧。

磁性开关安装在气缸体的滑轨内，先松开磁性开关的紧定螺钉，磁性开关就可以沿着滑轨左右移动。确定磁性开关安装位置后，旋紧紧定螺钉，完成位置的调整。图3-40是调整磁性开关位置示意图。回转到位的信号是通过调整气动摆台滑轨内的两个磁性开关的位置实现的。

（2）导向气缸　导向气缸是指具有导向功能的气缸。装配单元的导向气缸用于驱动装配机械手水平方向移动，外形如图3-41所示。该气缸由直线运动气缸带双导杆和其他附件组成。

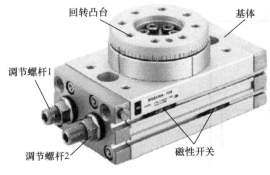

图 3-39　气动摆台

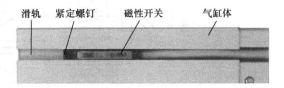

图 3-40　调整磁性开关位置示意图

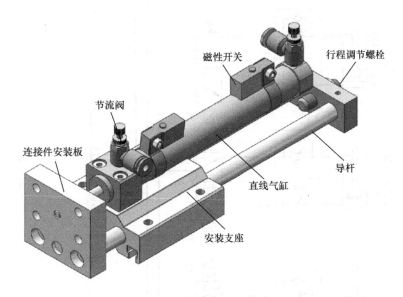

图 3-41　导向气缸的构成

安装支架用于导杆导向件的安装和固定导向气缸整体，连接件安装板用于固定其需要连接到该导向气缸上的物件，并将两导杆和直线气缸活塞杆的相对位置固定，当直线气缸的一端接通压缩空气后，驱动活塞做直线运动，活塞杆也一起移动，两导杆也随活塞杆伸出或缩回，从而实现导向气缸的整体功能。安装在导杆末端的行程调整板用于调整该导杆气缸的伸出行程。调整方法是松开行程调整板上的紧定螺钉，让行程调整板在导杆上移动，当达到理想的伸出距离以后，再完全锁紧紧定螺钉，完成行程的调节。

（3）电磁阀组和气动控制回路　装配单元的阀组由 6 个二位五通单电控电磁换向阀组成，气动控制回路图如图 3-42 所示。在进行气路连接时，请注意各气缸的初始位置，顶料气缸在缩回位置，挡料气缸在伸出位置，手爪提升气缸在提起位置，手臂伸缩气缸在缩回位置，摆动气缸在左旋位置，手指气缸在松开状态。

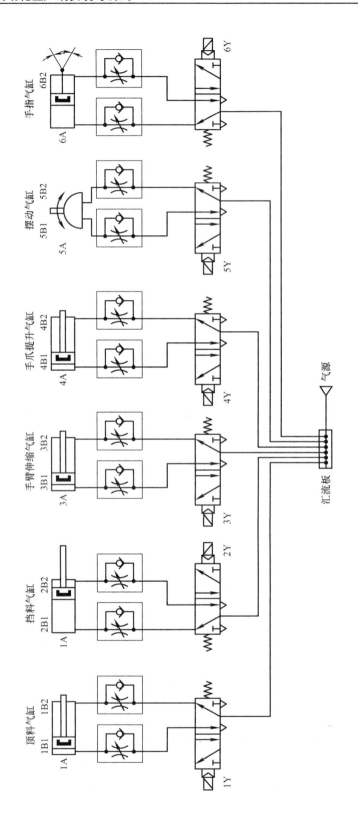

图 3-42 装配单元气动控制回路

（二）光纤传感器

光纤传感器由光纤单元、放大器两部分组成，其工作原理示意图如图 3-43 所示。投光元件和受光元件均在放大器内，投光元件发出的光线通过一条光纤内部从端面（光纤头）以约 60°的角度扩散，照射到检测物体上；同样，反射回来的光线通过另一条光纤的内部回送到受光元件。

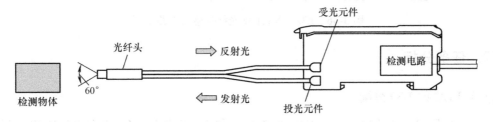

图 3-43　光纤传感器工作原理

为了确定装配台料斗内是否放置了待装配工件，使用了光纤传感器进行检测。装料台料斗的侧面开了一个 M6 的螺孔，光纤传感器的光纤头就固定在螺孔内，如图 3-44 所示。

图 3-45 给出了放大器单元的俯视图，调节其中部的 8 旋转灵敏度高速旋钮就能进行放大器灵敏度调节（顺时针旋转灵敏度增大）。调节时，会看到"入光量显示灯"发光的变化。当探测器检测到物料时，"动作显示灯"会亮，提示检测到工件。

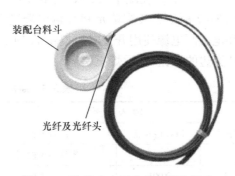

图 3-44　安装有光纤头的装配台料斗

本单元使用的光纤传感器的型号是 E3Z－NA11，电路框图如图 3-46 所示，接线时请注意根据导线颜色判断电源极性和信号输出线，切勿把信号输出线直接连接到电源 +24V 端。

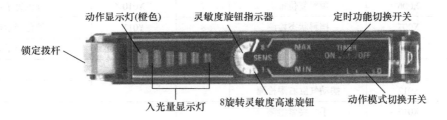

图 3-45　光纤传感器放大器单元的俯视图

光纤传感器是精密器件，其灵敏度调节范围较大。当光纤传感器灵敏度调得较小时，对于反射性较差的黑色物体，光电探测器无法接收到反射信号；而对于反射性较好的白色物体，光电探测器就可以接收到反射信号。反之，若调高光纤传感器灵敏度，则即使对反射性较差的黑色物体，光电探测器也可以接收到反射信号。

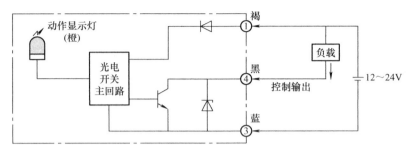

图 3-46　E3Z－NA11 型光纤传感器电路框图

四、任务分析

（一）PLC 的 I/O 分配

本单元装置 PLC 选用 $FX_{2N}-48MR$ 主单元，共 24 点输入和 24 点继电器输出。根据工作任务的要求，装配单元 PLC 的 I/O 信号分配见表 3-5，装配单元 PLC 输入端接线原理图如图 3-47 所示，装配单元 PLC 输出端接线原理图如图 3-48 所示。图中，光电式接近开关电源和电磁阀电源使用开关电源提供的 DC24V，本单元工作的主令信号和工作状态显示来自 PLC 旁边的按钮/指示灯模块。

表 3-5　装配单元 PLC 的 I/O 分配表

输入信号			输出信号		
序号	PLC 输入点	信号名称	序号	PLC 输出点	信号名称
1	X000	零件不足检测	1	Y000	挡料电磁阀
2	X001	零件有无检测	2	Y001	顶料电磁阀
3	X002	左料盘零件检测	3	Y002	回转电磁阀
4	X003	右料盘零件检测	4	Y003	手爪夹紧电磁阀
5	X004	装配台工件检测	5	Y004	手爪下降电磁阀
6	X005	顶料到位检测	6	Y005	手臂伸出电磁阀
7	X006	顶料复位检测	7	Y010	红色警示灯
8	X007	挡料状态检测	8	Y011	黄色警示灯
9	X010	落料状态检测	9	Y012	绿色警示灯
10	X011	摆动气缸左限检测			
11	X012	摆动气缸右限检测			
12	X013	手爪夹紧检测			
13	X014	手爪下降到位检测			
14	X015	手爪上升到位检测			
15	X016	手臂缩回到位检测			
16	X017	手臂伸出到位检测			
17	X024	停止按钮			
18	X025	起动按钮			

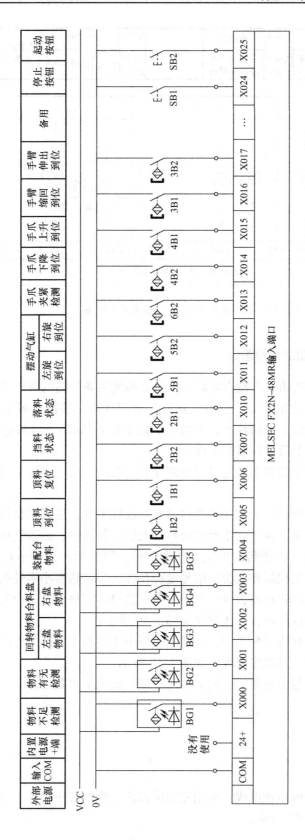

图3-47 装配单元PLC输入端接线原理图

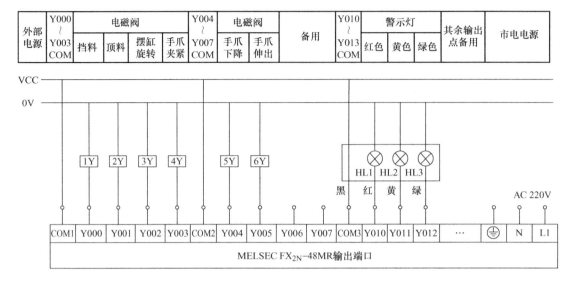

图 3-48 装配单元 PLC 输出端接线原理图

（二）装配单元单站控制的编程思路

PLC 上电后应首先进入初始状态检查阶段，本单元系统准备就绪的条件是各气缸满足初始位置要求（挡料气缸处于伸出状态，顶料气缸处于缩回状态，装配机械手的提升气缸处于提升状态，手臂伸缩气缸处于缩回状态，手指气缸处于松开状态），且料仓上已经有足够的小圆柱零件；工件装配台上没有待装配工件。

进入运行状态后，装配单元的工作过程包括两个相互独立的子过程：一个是供料过程；另一个是装配过程。

供料过程就是如果回转物料台上的左料盘内没有小圆柱零件，通过供料机构按顺序的操作，使料仓中的小圆柱零件落下到气动摆台左边料盘上的落料控制；然后气动摆台转动，使装有零件的料盘转移到右边，以便装配机械手抓取零件。回转物料台的运行方式是独立程序，系统在运行中只需考虑左检测和右检测信号是否存在，当左边有小零件而右边没有小零件且回转物料台左旋到位，回转物料台执行回转，若右边有小零件而左边没有小零件且回转物料台右旋到位，回转物料台复位，具体程序如图 3-49 所示。

装配过程是当装配台上有待装配工件，且装配机械手下方有小圆柱零件时，进行装配操作，这是一个顺序控制过程，其顺序流程图如图 3-50 所示。

警示灯状态显示的程序与供料单元、加工单元类似，这里不再赘述。

五、任务实施

（一）机械本体的安装

在装配前，应认真分析该结构组成，遵循先前的思路，先组装成组件，再进行总装。首先，所装配成的组件如图 3-51 所示。

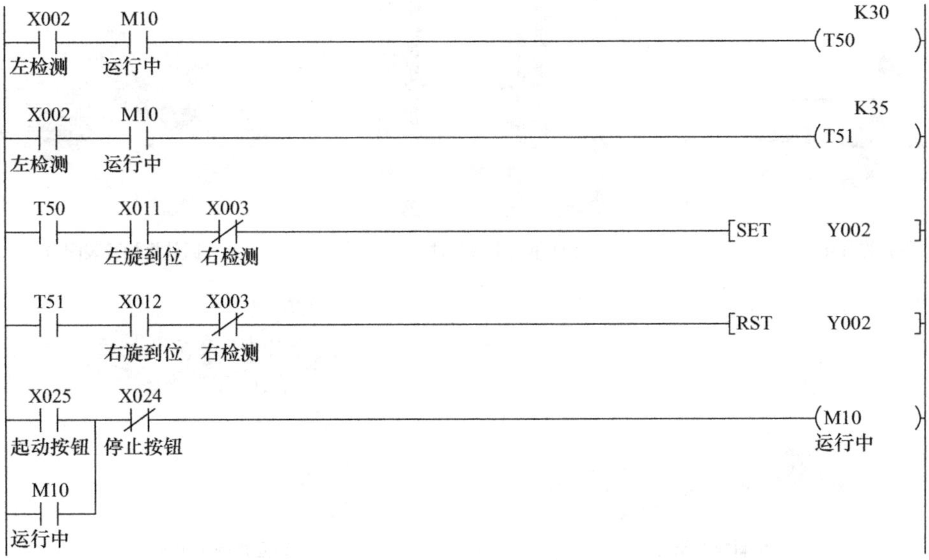

X002
M10
K30
T50
左检测
运行中
X002
M10
K35
T51
左检测
运行中
T50
X011
X003
SET
Y002
左旋到位
右检测
T51
X012
X003
RST
Y002
右旋到位
右检测
X025
X024
M10
起动按钮
停止按钮
运行中
M10
运行中

图 3-49 回转物料台的运行程序

装配台上有工件
且回转物料台右
检测有信号
S40
机械手
手爪下降
手爪下降到位
S41
机械手
手爪夹紧
手爪夹紧到位
S42
机械手
手爪上升
手爪上升到位
S43
机械手
手臂伸出
手臂伸出到位
S44
机械手
手爪下降
手爪下降到位
S45
机械手
手爪放松
手爪放松到位(延时)
S46
机械手
手爪上升
手爪上升到位
S47
机械手
手臂缩回
手臂缩回到位

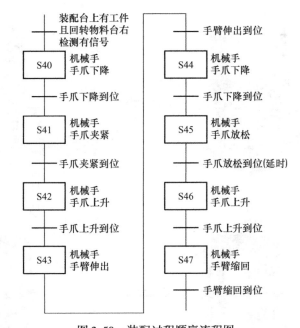

图 3-50 装配过程顺序流程图

在完成以上组件的装配后，再按以下顺序进行总装：

1）把回转机构及装配台组件安装到工作单元支撑架上。

2）安装供料料仓组件。

3）安装供料操作组件和装配机械手支承板。

4）安装装配机械手组件。

安装顺序效果图如图 3-52 所示。

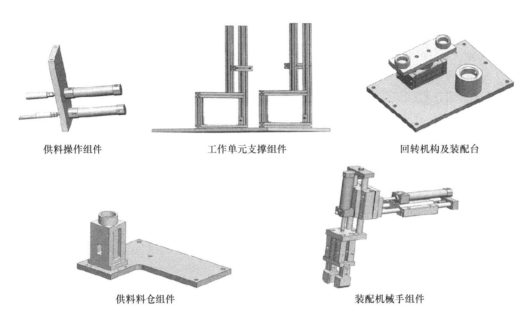

图 3-51 装配单元装配过程的组件

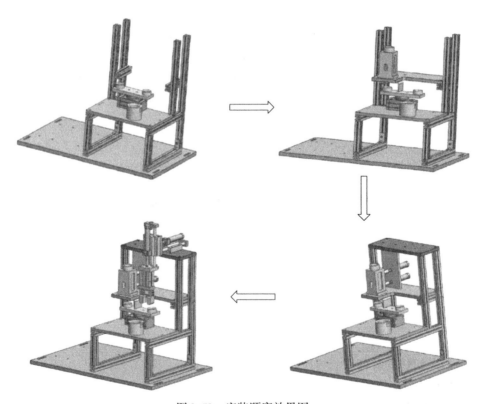

图 3-52 安装顺序效果图

（二）外围元器件的安装

装配单元装置侧的接线端口信号端子的分配见表 3-6。

工件加工装配过程的自动控制 项目三

表 3-6 装配单元装置侧的接线端口信号端子的分配

输入端口中间层			输出端口中间层		
端子号	设备符号	信号线	端子号	设备符号	信号线
2	BG1	零件不足检测	2	1Y	挡料电磁阀
3	BG2	零件有无检测	3	2Y	顶料电磁阀
4	BG3	左料盘零件检测	4	3Y	回转电磁阀
5	BG4	右料盘零件检测	5	4Y	手爪夹紧电磁阀
6	BG5	装配台工件检测	6	5Y	手爪下降电磁阀
7	1B1	顶料复位检测	7	6Y	手臂伸出电磁阀
8	1B2	顶料到位检测	8	HL1	红色警示灯
9	2B1	落料状态检测	9	HL2	黄色警示灯
10	2B2	挡料状态检测	10	HL3	绿色警示灯
11	5B1	摆动气缸左限检测			
12	5B2	摆动气缸右限检测			
13	6B2	手爪夹紧检测			
14	4B2	手爪下降到位检测			
15	4B1	手爪上升到位检测			
16	3B1	手臂缩回到位检测			
17	3B2	手臂伸出到位检测			

气路的连接、电气安装与检查、气路调试与供料单元类似，这里不再详细说明。

（三）编制 PLC 程序

图 3-53 给出了系统程序梯形图，图中有装配单元步进顺序控制程序的梯形图，也有独立于步进顺序控制以外表示警示灯运行状态、回转台工作程序等梯形图，请读者自行分析。

调试步骤如下：

1）调整气动部分，检查气路是否正确，气压是否合理，应保证气缸运行顺畅和平稳。

2）检查磁性开关的安装位置是否到位，磁性开关工作是否正常。

3）检测 4 个光电传感器工作是否正常；检测光纤传感器能否识别黑白两色工件，若不能，则应调整光纤传感器的灵敏度。

4）录入梯形图程序，送入 PLC，将 PLC 的工作状态开关放在"RUN"处，程序切换至监控状态。

5）运行程序，检查动作是否满足任务要求，检查运行后各连接是否可靠，是否存在接触不良情况。

6）调试：如果回转物料台上的左料盘内没有小圆柱零件，是否执行下料操作；如果左料盘内有零件，而右料盘内没有零件，是否执行回转物料台回转操作；如果回转物料台上的右料盘内有小圆柱零件且装配台上有待装配工件，是否执行装配机械手抓取小圆柱零件，放入待装配工件中的操作。

7）调试警示灯在各种条件下的状态指示是否符合要求。

```
      M8002
  0 ──┤├──────────────────────────────────────────────[SET  S0]

  3 ──────────────────────────────────────────────────[STL  S0]

      X000  X006  X007  X013  X015  X016  X004
  4 ──┤├────┤├────┤├────┤/├───┤├────┤├────┤/├──────────(M0)
      物料不足

      M0    X025
 12 ──┤├────┤├────────────────────────────────────────[SET  S20]
            起动按钮

 16 ─────────────────────────────────────────────────[STL  S20]

      X002                                              K10
 17 ──┤├─────────────────────────────────────────────(T30)
      左检测

      T30
 21 ──┤├─────────────────────────────────────────────[SET  S21]

      X002                                              K10
 24 ──┤/├────────────────────────────────────────────(T0)
      左检测

      T0    X001
 28 ──┤├────┤├────────────────────────────────────────[SET  Y001]
            物料有无

      X005
 31 ──┤├─────────────────────────────────────────────[SET  Y000]

      X010                                              K8
 33 ──┤├─────────────────────────────────────────────(T1)

      T1
 37 ──┤├─────────────────────────────────────────────[SET  S30]

 40 ─────────────────────────────────────────────────[STL  S30]

 41 ─────────────────────────────────────────────────[RST  Y000]

      X007
 42 ──┤├─────────────────────────────────────────────[RST  Y001]

      X006
 44 ──┤├─────────────────────────────────────────────[SET  S21]

 47 ─────────────────────────────────────────────────[STL  S21]
```

图 3-53 装配

工件加工装配过程的自动控制 项目三

```
         X003                                             K10
48       ─┤├──────────────────────────────────────────( T22 )
         右检测

         T22
52       ─┤├──────────────────────────────[ SET    S22 ]
              │
              │    M10
              └───┤├─────────────────────[ SET    S20 ]
                  运行中

58       ──────────────────────────────────[ STL    S22 ]

         X004
59       ─┤↑├─────────────────────────────[ SET    S23 ]

63       ──────────────────────────────────[ STL    S23 ]

                                                          K10
64       ─────────────────────────────────────────( T3  )

         T3
67       ─┤├──────────────────────────────[ SET    Y004 ]

         X014                                             K10
69       ─┤├──────────────────────────────────────( T4  )

         T4
73       ─┤├──────────────────────────────[ SET    Y003 ]

         X013                                             K10
75       ─┤├──────────────────────────────────────( T5  )

         T5
79       ─┤├──────────────────────────────[ SET    S31 ]

82       ──────────────────────────────────[ STL    S31 ]

83       ──────────────────────────────────[ RST    Y004 ]

         X015                                             K10
84       ─┤├──────────────────────────────────────( T6  )

         T6
88       ─┤├──────────────────────────────[ SET    Y005 ]

         X017                                             K10
90       ─┤├──────────────────────────────────────( T7  )
```

单元梯形图

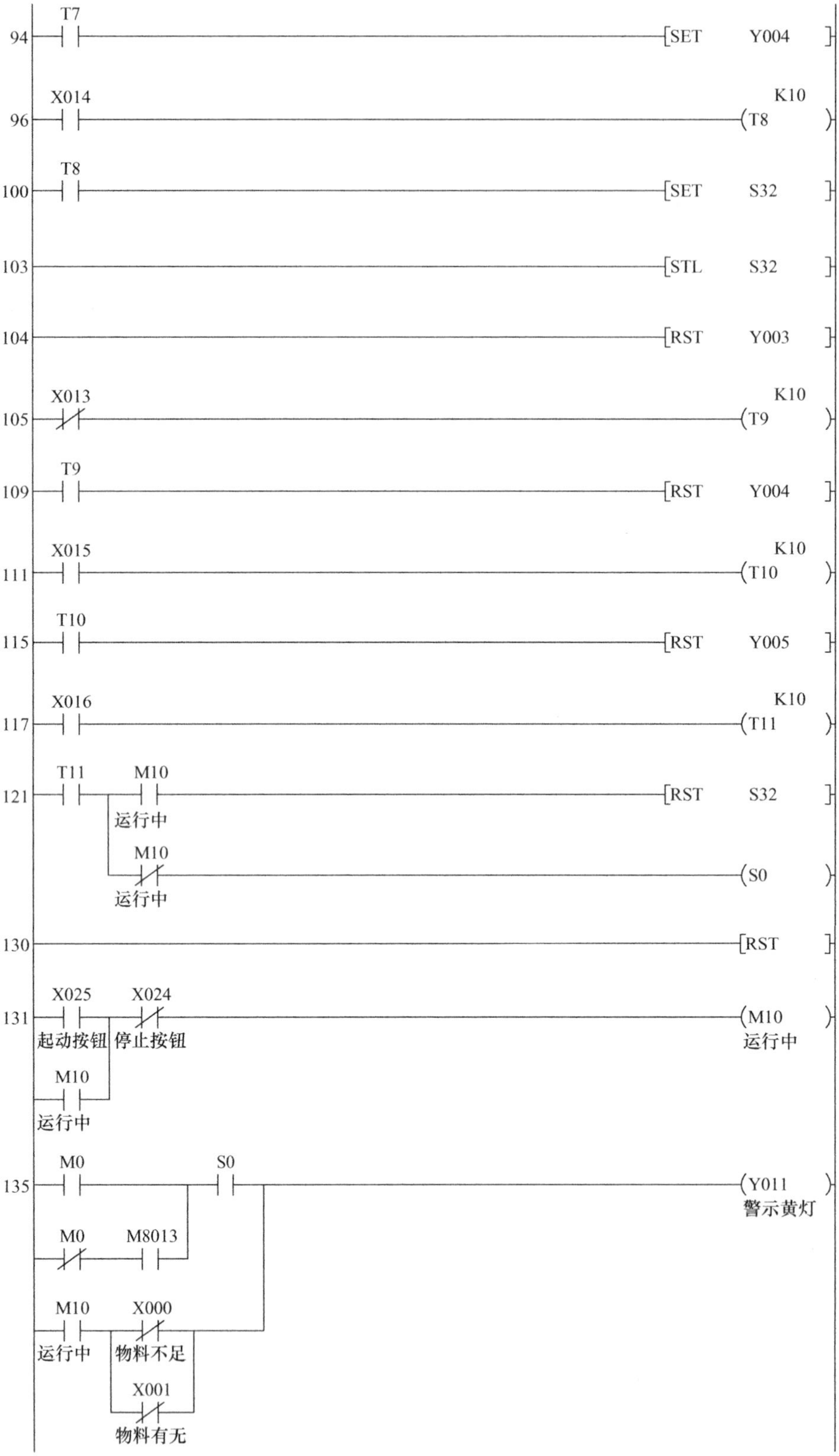

```
        T7
94     ─┤├────────────────────────────────────[SET  Y004 ]
                                                         K10
        X014
96     ─┤├────────────────────────────────────────(T8   )
        T8
100    ─┤├────────────────────────────────────[SET  S32  ]

103    ──────────────────────────────────────[STL  S32  ]

104    ──────────────────────────────────────[RST  Y003 ]
                                                         K10
        X013
105    ─┤/├───────────────────────────────────────(T9   )
        T9
109    ─┤├────────────────────────────────────[RST  Y004 ]
                                                         K10
        X015
111    ─┤├─────────────────────────────────────────(T10  )
        T10
115    ─┤├────────────────────────────────────[RST  Y005 ]
                                                         K10
        X016
117    ─┤├─────────────────────────────────────────(T11  )

        T11    M10
121    ─┤├────┤├───────────────────────────────[RST  S32 ]
              运行中
               M10
              ─┤/├──────────────────────────────────(S0   )
              运行中

130    ──────────────────────────────────────────────[RST ]

        X025   X024
131    ─┤├────┤/├──────────────────────────────────(M10  )
       起动按钮 停止按钮                                 运行中
        M10
       ─┤├
       运行中

        M0      S0
135    ─┤├────┤├───────────────────────────────────(Y011 )
                                                       警示黄灯
        M0     M8013
       ─┤/├───┤├
        M10    X000
       ─┤├────┤/├
       运行中  物料不足
               X001
              ─┤/├
              物料有无
```

图3-53 装配单元梯形图（续）

工件加工装配过程的自动控制 项目三

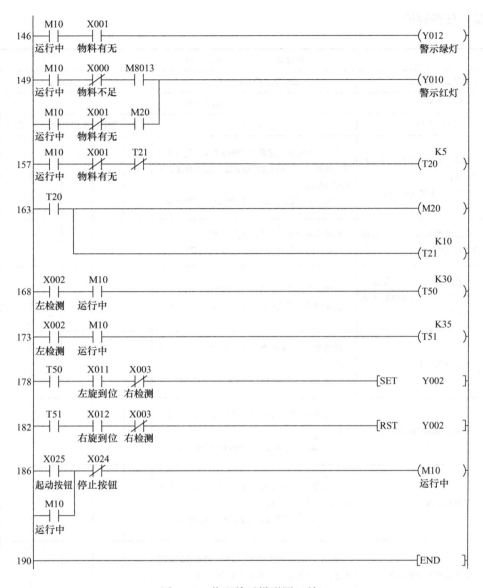

图 3-53 装配单元梯形图（续）

六、任务思考与评价

（一）任务思考

1）运行过程中出现小圆柱零件不能准确落下到料盘中，或装配机械手装配不到位，或光纤传感器误动作等现象，请分析其原因，总结出处理方法。

2）总结落料过程和气动摆台转动控制梯形图的编制。

3）当装配的工件数满 10 个时，待人工取走工件后，系统停止工作。

（二）任务评价

评价表			编号：08					
项目三 任务三		装配单元的安装与调试		总学时：12				
团队负责人			团队成员					
评价项目		评定标准	自评	互评1	互评2	互评3	教师	团队
专业能力 (50分)	机械安装、气路连接及工艺(10分) I/O 电气安装 (10分)	机械装配完整、安装定位符合要求；气路连接符合规范；I/O 端口进出线长度、颜色合理，工艺符合规范。 □优(20) □良(16) □中(14) □差(10)						
	程序的编制（7分），编程软件的使用（3分）	程序正确合理，使用方法正确规范。 □优(10) □良(8) □中(6) □差(4)						
	气路调整（2分）、传感器调节（3分）、功能检测调试（15分）	调试方法正确，工具仪器使用得当。 □优(20) □良(16) □中(14) □差(10)						
方法能力 (30分)	独立学习的能力	能够独立学习新知识和新技能，完成工作任务。 □优(10) □良(8) □中(6) □差(4)						
	分析并解决问题的能力	独立解决工作中出现的各种问题，顺利完成工作任务。 □优(10) □良(8) □中(6) □差(4)						
	获取信息能力	通过网络、书籍、技术手册等获取信息，整理资料，获取所需知识。 □优(10) □良(8) □中(6) □差(4)						
社会能力 (20分)	团队协作和沟通能力	团队成员之间相互沟通与协商，具备良好的群体意识，通力合作，圆满完成工作任务。 □优(10) □良(8) □中(6) □差(4)						
	工作责任心与职业道德	具备良好的工作责任心、群体意识和职业道德。注意劳动安全。 □优(10) □良(8) □中(6) □差(4)						
		小计						
		总分 （总分 = 自评×15% + 互评×15% + 教师×30% + 团队×40%）						
评价教师			日期					
学生确认			日期					

任务四　输送单元的安装与调试

一、输送单元的主要组成与功能

输送单元通过伺服电动机驱动抓取机械手装置到指定单元的物料台上精确定位,并在该物料台上抓取工件,把抓取到的工件输送到指定地点然后放下,实现传送工件的功能。

输送单元由抓取机械手装置、直线运动传动组件、拖链装置、PLC 模块和接线端口以及按钮/指示灯模块等部件组成。图 3-54 所示是安装在工作台面上的输送单元装置侧部分。

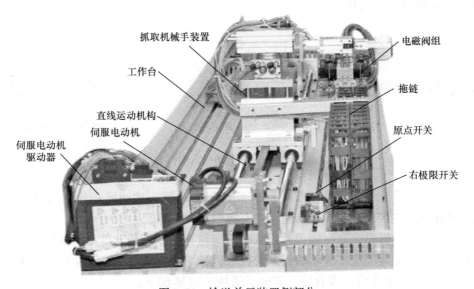

图 3-54　输送单元装置侧部分

（一）抓取机械手装置

抓取机械手装置是一个能实现升降、伸缩、气动手指夹紧/松开和沿垂直轴旋转的四维运动的工作单元,该装置整体安装在直线运动传动组件的滑动溜板上,由伺服电动机拖动整体做直线往复运动,定位到其他各工作单元的物料台,然后完成抓取和放下工件的功能。图 3-55 所示是该装置实物图。

具体组成如下:

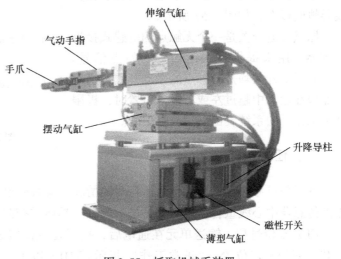

图 3-55　抓取机械手装置

1）气动手指：由一个二位五通双向电控电磁换向阀控制，用于在各个工作站物料台上抓取/放下工件。

2）伸缩气缸：由一个二位五通单向电控电磁换向阀控制，用于驱动手臂伸出或缩回。

3）摆动气缸：由一个二位五通双向电控电磁换向阀控制，用于驱动手臂旋转（角度可调）。

4）提升气缸：由一个二位五通单向电控电磁换向阀控制，用于驱动机械手提升与下降。

(二) 直线运动传动组件

直线运动传动组件用以拖动抓取机械手装置做往复直线运动，并实现精确定位的功能。图 3-56 所示是该组件的俯视图。

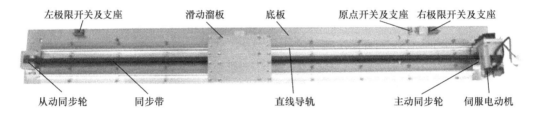

图 3-56　直线运动传动组件

传动组件由直线导轨底板、伺服电动机及伺服驱动器、从动同步轮、同步带、直线导轨、滑动溜板、拖链带和原点接近开关、左右极限开关组成。

伺服电动机由伺服驱动器驱动，通过从动同步轮和同步带带动滑动溜板沿直线导轨做往复直线运动。从而带动固定在滑动溜板上的抓取机械手装置做往复直线运动。由于从动同步轮齿距为 5mm，共 12 个齿，即旋转一周搬运机械手位移 60mm。

原点接近开关和左、右极限开关安装在直线导轨底板上，如图 3-57 所示。

原点接近开关是一个无触点的电感式接近传感器，用来提供直线运动的起始点信号。左、右极限开关均是有触点的微动开关，当滑动溜板在运动中越过左或右极限位置时，极限开关动作，向系统发出越程故障信号。

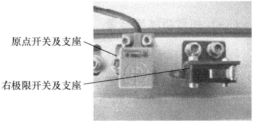

图 3-57　原点开关和右极限开关

二、任务描述

本任务只考虑输送单元单站运行时的情况，安装时已要求供料单元出料台纵向中心线与原点传感器中心线重合，不需要再进行测试。具体的控制要求为：

（1）复位过程　输送单元在通电后，按下复位按钮 SB1，执行复位操作，使抓取机械手装置回到原点位置。"正常工作"指示灯 HL5 以 1Hz 的频率闪烁。当机械手装置回到原点位置，且输送单元各个气缸满足初始位置的要求时，复位完成，"正常工作"指示灯

HL5 常亮。按下起动按钮 SB2，设备起动，"设备运行"指示灯 HL4 也常亮，开始功能测试过程。

(2) 正常功能测试

1) 抓取机械手装置从供料单元出料台抓取工件，抓取的顺序是：手臂伸出→手爪夹紧抓取工件→提升台上升→手臂缩回。抓取动作完成后，机械手装置向加工单元移动，移动速度为 40mm/s。

2) 机械手装置移动到加工单元物料台的正前方后，即把工件放到加工单元物料台上。机械手装置在加工单元放下工件的顺序是：手臂伸出→提升台下降→手爪松开放下工件→手臂缩回。

3) 放下工件动作完成 2s 后，机械手装置执行抓取加工单元工件的操作。抓取的顺序与供料单元抓取工件的顺序相同。

4) 抓取动作完成后，机械手装置移动到装配单元物料台的正前方，移动速度为 40mm/s。然后把工件放到装配单元物料台上。其动作顺序与加工单元放下工件的顺序相同。

5) 放下工件动作完成后，机械手手臂缩回，然后执行以 60mm/s 的速度返回原点停止。

6) 当机械手装置返回原点后，一个测试周期结束。当供料单元的出料台上放置了工件时，再按一次起动按钮 SB2，开始新一轮的测试。

要求完成如下具体任务：

1) 规划 PLC 的 I/O 分配及接线端子分配。
2) 机械本体与外围元器件的安装、气路连接。
3) 电气安装与检查，气路调试。
4) 按控制要求编制 PLC 程序。
5) 进行调试与运行。

三、相关知识点

(一) 认知伺服驱动器及伺服电动机

(1) 松下 A5 型伺服系统简介　YL-335B 的输送单元中，采用的是松下 A5 系列的伺服系统作为运输机械手的运动控制装置，该伺服系统由伺服驱动器和伺服电动机组成，伺服驱动器的具体型号为 MADHT1507E 全数字交流永磁同步伺服驱动装置，伺服驱动器型号说明如图 3-58 所示。伺服电动机的型号为松下 MHMD022P1U 永磁同步交流伺服电动机，在伺服驱动器和伺服电动机的选择上一定要型号匹配。

驱动器 MINAS A5 系列是可满足高速、高精度及高性能要求的机器，也能实现简单设定机器各种要求的最新产品。该产品是对原来的 A4 系列进行了飞跃性的性能升级，设定和调整极其简单。

MHMD022P1U 伺服电动机的含义：MHMD 表示电动机类型为大惯量，02 表示电动机的额定功率为 200W，2 表示电压规格为 200V，P 表示编码器为增量式编码器，脉冲数为 2500p/r，分辨率为 10000，输出信号线数为 5 根线。该伺服电动机外观及各部分名称如图 3-59 所示。

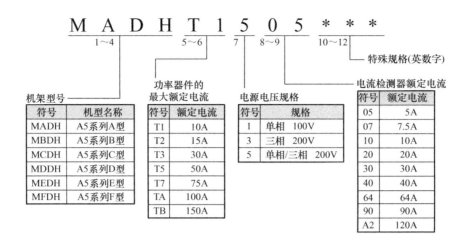

图 3-58 松下伺服驱动器型号说明

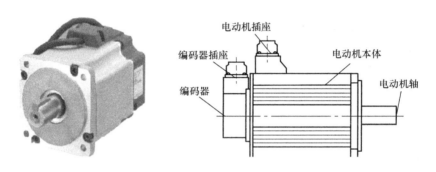

图 3-59 伺服电动机外观及各部分名称

(2) MADHT1507E 伺服驱动器面板及端口功能介绍　MADHT1507E 伺服驱动器的应用主要是通过其配置的接线端子、接线端口以及通信端口连接相应的设备和控制器件后，再通过面板或软件合理地进行参数设置来实现具体功能的应用。松下 A5 系列 A～D 型伺服驱动器各端口的分布及功能如图 3-60 所示。本单元所使用的 MADHT1507E 伺服驱动器属于 A5 系列驱动器的 D 型驱动器，该款驱动器没有配置 X2、X3 和 X5 口，下面简要介绍 MADHT1507E 伺服驱动器所配置的接口和端子的作用和定义。

1) XA 和 XB 接口。MADHT1507E 型伺服驱动器的 XA 接口用于与电源进线相连接，XB 用于连接伺服电动机的三相电源线，XA 接口和 XB 接口的接线如图 3-61 所示。

在 XA 中有一路电源供电，这路电源是经过一个单相断路器接 220V 单相电源供电，即给 L1 和 L3 供电，也给 L1C 和 L2C 供电，其中 L1 和 L3 为伺服驱动器主电源接线端子，L1C 和 L2C 为控制电源接线端子。

2) X1 通信接口。X1 通信接口为 USB 物理结构的通信接口，该接口可通过 USB-mini-B 接口连接到计算机的 USB 接口，完成 X1 接口与计算机 USB 接口的硬件连接。当现场条件不允许，或修改少量参数时，也可通过驱动器上操作面板来完成。下面只介绍通过操作面板设置伺服参数。操作面板如图 3-62 所示。各个按钮的说明见表 3-7。

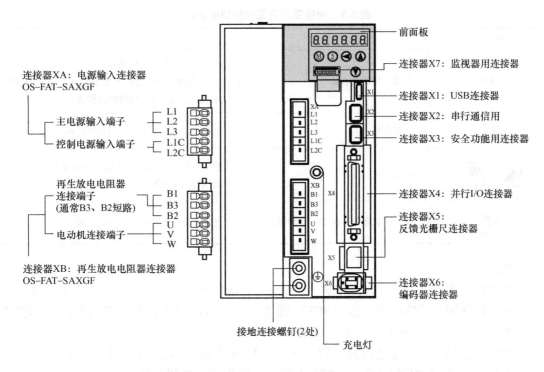

图 3-60　MADHT1507E 伺服驱动器各端口的分布及功能

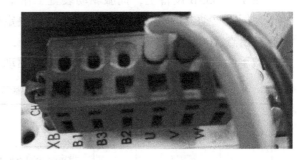

图 3-61　XA 接口和 XB 接口的接线

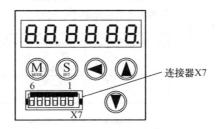

图 3-62　伺服驱动器操作面板

表3-7 伺服驱动器面板按钮的说明

按 键 说 明	激 活 条 件	功　　能
MODE	在模式显示时有效	在以下4种模式之间切换： 1）监视器模式；2）参数设定模式；3）EEP-ROM写入模式；4）辅助功能模式
SET	一直有效	用来在模式显示和执行显示之间切换
▲ ▼	数据加减	改变各模式里的显示内容、更改参数、选择参数或执行选中的操作
◀	仅对小数点闪烁的哪一位数据位有效	把移动的小数点移动到更高位数

面板操作说明：

参数设置。先按"SET"键，再按"MODE"键选择到"Pr0.00"后，按向上、下或左的方向键选择通用参数的项目，按"SET"键进入。然后按向上、下或左的方向键调整参数，调整完后，按"S"键返回。选择其他项再调整。

参数保存。按"M"键选择到"EE-SET"后按"SET"键确认，出现"EEP-"，然后按向上键3s，出现"FINISH"或"RESET"，然后重新上电即保存。

部分参数说明：

在YL-335B设备上，伺服驱动装置工作于位置控制模式，$FX_{1N}-40MT$的Y000输出脉冲作为伺服驱动器的位置指令，脉冲的数量决定伺服电动机的旋转位移，即机械手的直线位移，输出点Y002作为伺服驱动器的方向指令，脉冲的频率决定了伺服电动机的旋转速度，即机械手的运动速度。根据上述要求，伺服驱动器参数设置见表3-8。

表3-8 伺服驱动器参数设置

序号	参数编号	参数名称	设置数值	功能和含义
1	Pr0.00	旋转方向设定	0	设定指令的方向和电动机旋转方向的关系。 0：正向指令时，电动机旋转方向为CW方向（从轴侧看电动机为顺时针方向） 1：正向指令时，电动机旋转方向为CCW方向（从轴侧看电动机为逆时针方向） | 设定值	指令方向	电动机旋转方向	正方向驱动禁止输入	负方向驱动禁止输入 | |---|---|---|---|---| | 0 | 正向 | CW方向 | 有效 | — | | | 负向 | CCW方向 | — | 有效 | | 1 | 正向 | CCW方向 | 有效 | — | | | 负向 | CW方向 | — | 有效 |
2	Pr0.01	控制模式设定	0	位置模式
3	Pr0.05	指令脉冲输入选择	0	光耦合器输入（PULS1、PULS2、SIGN1、SIGN2）

(续)

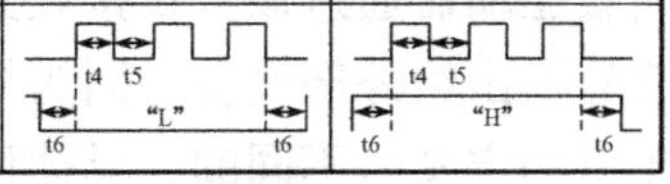

序号	参数编号	参数名称	设置数值	功能和含义
4	Pr0.06	指令脉冲极性设置	0	指令脉冲的输入形态
5	Pr0.07	指令脉冲输入模式设置	3	(见下图)
6	Pr0.08	电动机每次旋转一次的指令脉冲数	6000	设定相当于电动机每次旋转一次的指令脉冲数
7	Pr0.09	第一指令分倍频分子	0	设定针对指令脉冲输入的分频、倍频处理的分子，Pr0.08=0 时有效。当 Pr0.09 设定值为 0 时，编码器的分辨率被设定为分子
8	Pr0.10	指令分倍频分母	10000	设定针对指令脉冲输入的分频、倍频处理的分母，Pr0.08=0 时有效

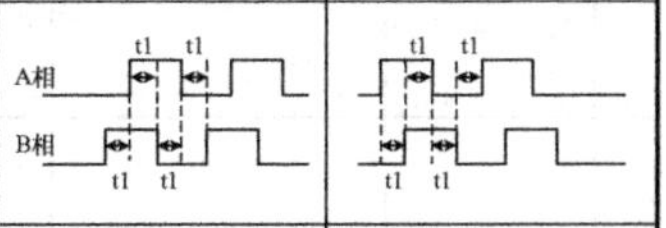

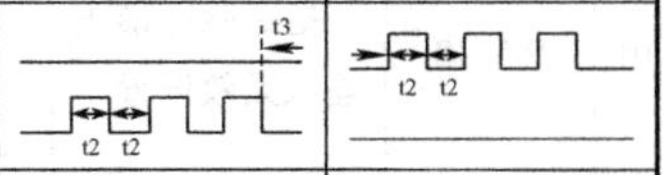

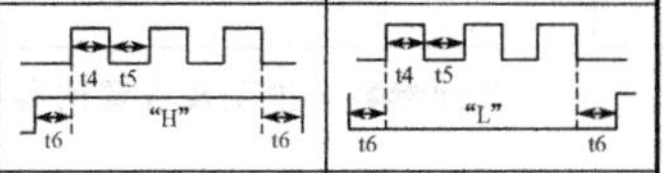

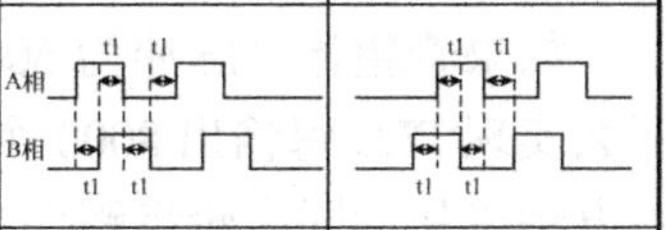

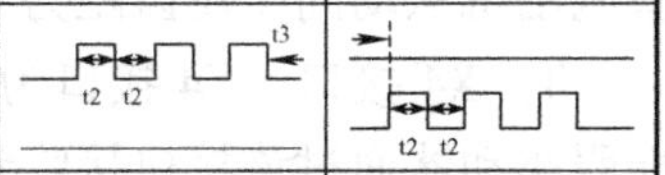

(续)

序号	参数		设置数值	功能和含义
	参数编号	参数名称		
9	Pr5.04	驱动禁止输入设定	2	设定驱动禁止输入（POT、NOT）输入的动作。 设定值 | 动作 0 | POT→正方向驱动禁止 / NOT→负方向驱动禁止 1 | POT、NOT 无效 2 | POT/NOT 任何单方的输入，将发生 Err38.0［驱动禁止输入保护］
10	Pr5.18	指令脉冲禁止输入无效设置	1	选择指令脉冲禁止输入的有效/无效 设定值 | INH 输入 0 | 有效 1 | 无效

注：其他参数的说明及设置请参看松下 Ninas A5 系列伺服电动机、驱动器使用说明书。

如果希望指令脉冲为 6000p/r，那么就应设置为 Pr0.08 = 6000，若设置 Pr0.08 = 8000，那么实现 PLC 每输出 8000 个脉冲，伺服电动机旋转一周，驱动机械手恰好移动 60mm（伺服电动机从动同步轮齿距为 5mm，共 12 个齿即旋转一周搬运机械手位移 60mm）。

3）X4 接口。X4 接口为伺服驱动器控制的主要接口，用于与外部设备信号接收和发送，伺服驱动器通过该接口接收到外部的控制信号后做出反应，也通过该接口将伺服系统的状态信号发出给外部设备。因为松下 A5 伺服驱动器有很多种工作模式，在不同的工作模式下该接口的定义是不同的，具体请参照松下 A5 伺服驱动器说明书。在 YL-335B 中，伺服电动机用于定位控制，应用的是位置控制模式，因此本文只介绍位置控制模式下该接口的接线方式，在实际的伺服驱动器上有专门的接头连接 X4 接口，该接头有 50 个针脚，但并不一定要将所有的针脚都与外部设备连接，这里所采用的是简化接线方式，如图 3-63 所示。

4）X6 接口。MADHT1507E 型伺服驱动器 X6 接口用于与伺服电动机上的编码器信号线进行连接，需要专用接头的连接器才能实现它们之间的连接，该接口连接的编码器类型不同，接线方式也不同，在 YL-335B 中伺服电动机配置的是增量式编码器，其接线图如图 3-63 所示。

(二) 应用定位指令

晶体管输出的 FX_{1N} 系列 PLC CPU 单元支持高速脉冲输出功能，但仅限于 Y000 和 Y001 点。输出脉冲的频率最高可达 100kHz。

输送单元伺服电动机的控制主要是定位控制，可以使用 FX_{1N} PLC 的简易定位控制指令实现。简易定位控制指令包括原点回归指令 FNC156（ZRN）、相对位置控制指令 FNC158（DRVI）、绝对位置控制指令 FNC158（DRVA）和可变速脉冲输出指令 FNC157（PLSV）。现分别介绍如下。

(1) 原点回归指令 ZRN 在定位控制中，一般都要确定一个位置为原点，而定位运动控制，每次都是以原点位置作为运动位置的参考。当 PLC 在执行初始化运行或断电后再上电时，当前值寄存器的内容会清零，而机械位置却不一定在原点位置，因此，有必要执行一

工件加工装配过程的自动控制 项目三

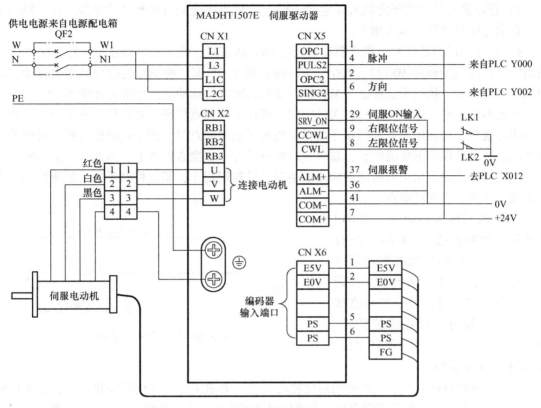

图 3-63 MADHT1507E 伺服驱动器接线图

次原点回归，使机械位置回归原点，从而保持机械原点和当前值寄存器内容一致，在以后应用定位指令时，当前值寄存器中的值就表示机械的实际位置。

原点回归指令 ZRN 的指令梯形图如下：

在本指令中，操作数 S1 指定原点回归速度，16 位取值为 10~32767(Hz)，32 位取值为 10~1000000(Hz)；操作数 S2 指定爬行速度，取值为 10~32767(Hz)；S3 指定近点信号；D 指定脉冲输出端口，仅为 Y000 或 Y001。

现举例说明指令"ZRN K5000 K1500 X000 Y000"的原点回归工作过程。其工作过程是：开始以 5000Hz 速度回归碰到近点信号 X000 由 OFF 变为 ON 时，减速至 1500Hz 速度继续回归，当近点信号 X000 由 ON 变为 OFF 时，停止脉冲输出，使当前值寄存器（Y000：[D8141, D8140]，Y001：[D8143, D8142]）清零，停止原点回归并将停止点作为原点。

使用原点回归指令编程时应注意：

1）原点回归指令 ZRN 由于没有指定运行方向，常与伺服驱动器配合设置驱动器参数从而指定原点回归方向。

2）回归动作必须从近点信号的前端开始，因此当前值寄存器（Y000：[D8141, D8140]，Y001：[D8143, D8142]）数值将向减少方向动作。

3）近点输入信号宜指定输入继电器（X），否则由于受到可编程序控制器运算周期的影响，会引起原点位置的偏移增大。

4）在原点回归过程中，指令驱动触点变 OFF 状态时，将不减速而停止。并且在"脉冲输出中"标志（Y000：M8147，Y001：M8148）处于 ON 时，将不接受指令的再次驱动。仅当回归过程完成，执行完成标志（M8029）动作的同时，脉冲输出中标志才变为 OFF。

安装本单元时，通常把原点开关的中间位置设定为原点位置，根据任务要求与某一单元料台中心线重合。使用原点回归指令使抓取机械手返回原点时，按上述动作过程，机械手应该在原点开关动作的下降沿停止，显然这时机械手并不在原点位置上，因此，原点回归指令执行完成后，应该再用下面所述的相对或绝对位置控制指令，驱动机械手向前低速移动一小段距离，才能真正到达原点。

（2）相对位置控制指令 DRVI 和绝对位置控制指令 DRVA 进行定位控制时，目标位置的指定可以用两种方式：一是指定当前位置到目标位置的位移量；另一种是直接指定目标位置对于原点的位移量。前者为相对定位，后者为绝对定位，现用图 3-64 来说明。

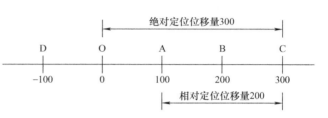

图 3-64 定位控制示意图

假定坐标原点在 O 点，工作台当前位置在 A 点，要求工作台移位后停在 C 点，那么位移量是多少？相对位移是指定位置坐标与当前位置坐标的位移量，由图可以看出，工作台的当前位置为 100，只要移动 200 就达到 C 点，因此，移动量为 200。也就是说，相对位移量与当前位置有关，当前位置不同，位移量也不一样。如果设定向右移动为正值（表示电动机正转），则向左移动为负值（表示电动机反转）。那么，从 A 点移到 D 点，相对位移量为 -200。

绝对位移是指定位置与坐标原点（机械量点或电气量点）的位移量。由图 3-64 可以看出，由当前位置 A 点移动到 C 点时，绝对定位的位移量为 300，也就是 C 点的坐标值，可见，绝对定位仅与定位位置的坐标有关，而与当前位置无关。那么，如果从 A 点移动到 D 点，则绝对定位位移量为 -100。

在实际伺服系统控制中，这两种定位方式的控制过程是不一样的，执行相对定位指令时，以当前位置为参考点进行定位移动，而执行绝对定位指令时，是以原点为参考点进行定位移动。

三菱 FX PLC 的相对位置控制指令为 DRVI，绝对位置控制指令为 DRVA，指令格式分别如图 3-65 和图 3-66 所示。

图 3-65 DRVI 的指令格式　　　　　　　图 3-66 DRVA 的指令格式

这两条指令均须提供 2 个源操作数和 2 个目标操作数。

1）源操作数 S1· 给出目标位置信息，但对于相对方式和绝对方式则含义不同。对于相对位置控制指令，此操作数指定从当前位置到目标位置所需输出的脉冲数（带符号）；而对于绝对位置控制指令，此操作数指定目标位置对于原点的坐标值（带符号的脉冲数），执行指令时，输出的脉冲数是绝对位置脉冲量（以原点为参考点）。对于16位指令，此操作数的范围为 -32,768 ~ +32,767，0除外；对于32位指令，范围为 -999,999 ~ +999,999，0除外。

2）源操作数 (S2·)，目标操作数 (D1·) 和 (D2·)，对于两条指令，均有相同含义。

(S2·) 指定输出脉冲频率，对于16位指令，操作数的范围为 10~32,767（Hz），对于32位指令，范围为 10~1000000（Hz）。

3）(D1·) 指定脉冲输出端口，指令仅能用于 Y000、Y001。

4）(D2·) 指定旋转方向信号输出端口，ON：正转，OFF：反转。

现编程说明两指令的具体应用。

图3-67为利用相对位置控制指令实现伺服电动机正反转，参数设置见表3-8，这里不再赘述。X024为反转点动按钮，X025为正转点动按钮，均外接常开触点，X026为急停开关，外接常闭触点，D8140特殊寄存器存入脉冲数。初始化上电后，D8140清零，以当前位置为参考点进行定位移动，当长按正转起动按钮时，X025常开触点接通，伺服电动机正转，D8140内存储的脉冲数不断增加，当脉冲数增至20000时，即使X025保持接通状态，伺服电动机也不再正转，脉冲数不再增加，只有当X025复位后再接通，伺服电动机以此时位置为参考点再进行定位移动。

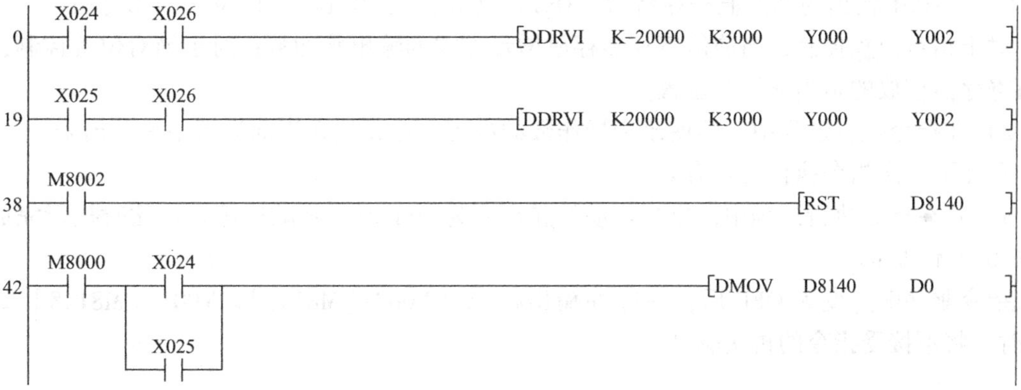

图3-67 利用相对位置控制指令实现伺服电动机正反转梯形图

图3-68a为利用绝对位置控制指令实现伺服电动机正反转。初始化上电后，在急停开关未合上的情况下执行回原点操作，回原点后D8140清零，并以原点为参考点（脉冲零点）进行定位移动。当X025常开触点保持接通时，伺服电动机正转，D8140内存储的脉冲数不断增加，当脉冲数增至20000时，即使X025保持接通状态，伺服电动机不再正转，脉冲数不再增加，这时再接通X024常开触点，伺服电动机继续正转移动，移至脉冲数增至为60000位置处停止，如图3-68b（工作示意图1）所示。图3-68c（工作示意图2）所示是先持续接通X024常开触点，后持续接通X025的工作示意图，箭头代表伺服电动机移动方向，向右为电动机正转，向左为电动机反转，序号①和②分别代表第一次移动和第二次移动。

使用这两条指令编程时应注意：

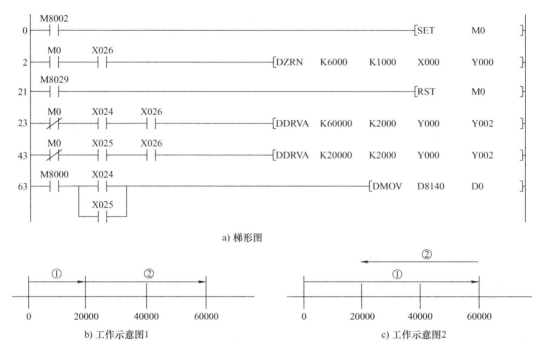

图 3-68 利用绝对位置控制指令实现伺服电动机正反转

1）指令执行过程中，Y000 输出的当前值寄存器为 [D8141（高位），D8140（低位）]（32 位）；Y001 输出的当前值寄存器为 [D8143（高位），D8142（低位）]（32 位）。

对于相对位置控制，当前值寄存器存放增量方式的输出脉冲数；对于绝对位置控制，当前值寄存器存放的是当前绝对位置。

2）在指令执行过程中，即使改变操作数的内容，也无法在当前运行中表现出来。

只在下一次指令执行时才有效。

3）若在指令执行过程中，指令驱动的触点变为 OFF 时，将减速停止。此时执行完成标志 M8029 不动作。

指令驱动触点变为 OFF 后，在脉冲输出标志（Y000：[M8147]，Y001：[M8148]）处于 ON 时，将不接受指令的再次驱动。

（三）输送单元气动控制回路

输送单元的抓取机械手装置上的所有气缸连接的气管沿拖链带敷设，插接到电磁阀组上，其气动控制回路如图 3-69 所示。

在气动控制回路中，提升台气缸和手臂伸出气缸的电磁阀采用的是二位五通单电控电磁阀，驱动摆动气缸和气动手指气缸的电磁阀采用的是二位五通双电控电磁阀，电磁阀外形如图 3-70 所示。

双电控电磁阀与单电控电磁阀的区别在于：单电控电磁阀在无电控信号时，阀芯在弹簧力的作用下会被复位；双电控电磁阀在两端都无电控信号时，阀芯的位置是取决于前一个电控信号。即当驱动线圈 1 有电控信号时，电磁阀工作在 1 位置，即使撤除驱动线圈 1 的电控信号，仍保持在 1 位置。

工件加工装配过程的自动控制 项目三

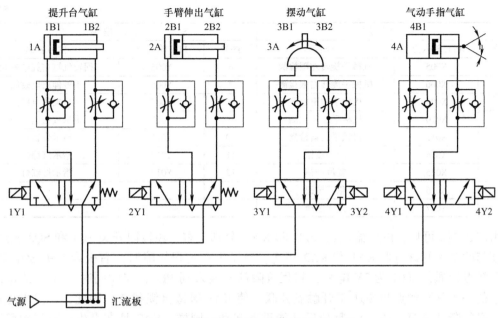

图 3-69 输送单元气动控制回路原理图

注意：双电控电磁阀的两个电控信号不能同时为"1"，即在控制过程中不允许两个驱动线圈同时得电，否则，可能会造成电磁线圈烧毁，当然，在这种情况下阀芯的位置是不确定的。

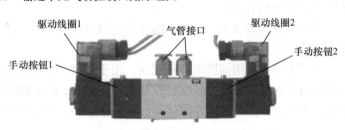

图 3-70 双电控气阀示意图

四、任务分析

（一）PLC 的 I/O 分配

本单元装置 PLC 选用 $FX_{1N}-40MT$ 主单元，共 20 点输入，20 点晶体管输出。根据工作任务的要求，输送单元 PLC 的 I/O 信号分配见表 3-9，接线原理图如图 3-71 所示。图 3-71 中，传感器和电磁阀电源使用开关电源提供的 DC24V，晶体管输出的 FX_{1N} 系列 PLC，供电电源采用 AC220 电源，与前面各工作单元的继电器输出的 PLC 相同。本单元工作的主令信号和工作状态显示来自 PLC 旁边的按钮/指示灯模块。

表 3-9 输送单元 PLC 的 I/O 分配表

输入信号			输出信号		
序号	PLC 输入点	信号名称	序号	PLC 输出点	信号名称
1	X000	原点传感器检测	1	Y000	脉冲
2	X001	右限位保护	2	Y001	
3	X002	左限位保护	3	Y002	方向
4	X003	机械手抬升下限检测	4	Y003	提升台上升电磁阀
5	X004	机械手抬升上限检测	5	Y004	回转气缸左旋电磁阀

123

自动化生产线安装与调试

(续)

输入信号			输出信号		
序号	PLC 输入点	信号名称	序号	PLC 输出点	信号名称
6	X005	机械手旋转左限检测	6	Y005	回转气缸右旋电磁阀
7	X006	机械手旋转右限检测	7	Y006	手臂伸出电磁阀
8	X007	机械手伸出检测	8	Y007	手爪夹紧电磁阀
9	X010	机械手缩回检测	9	Y010	手爪放松电磁阀
10	X011	机械手夹紧检测	10	Y011	指示灯黄灯
11	X024	起动按钮	11	Y012	指示灯绿灯
12	X025	复位按钮	12	Y013	指示灯红灯
13	X026	急停按钮	13		
14	X027	方式选择			

由图 3-71a 可见，PLC 输入点 X001 和 X002 分别与右、左极限开关 SQ1 和 SQ2 相连接，并且还与两个中间继电器 KA1 和 KA2 相连。当发生右越程故障时，右极限开关 SQ1 动作，其常开触点接通，X001 为 0V 电平，越程故障信号输入到 PLC，与此同时，继电器 KA1 动作，它的一个常开触点与 SQ1 常开触点并联，使 KA1 保持自锁状态。因此，一旦发生越程故障，必须断开电源，使 KA1 复位后才能重新起动。同样，KA2 是在发生左越程故障时起强制停发脉冲的作用。

可见，继电器 KA1 和 KA2 的作用是硬联锁保护，目的是防范由于程序错误引起冲极限故障而造成设备损坏。

本工作任务采用伺服电动机驱动，由于伺服驱动器系统本身具有越程故障保护功能，无须增加中间继电器，只需用限位行程开关 SQ1、SQ2 自身的常闭触点接入伺服驱动器，从 PLC 输出到伺服驱动器的脉冲和方向信号，可直接连接，不需要外接限流电阻，如图 3-72 所示。

(二) 输送单元单站控制的编程思路

(1) 主程序编写的思路 从任务可以看到，输送单元传送工件的过程是一个步进顺序控制过程，包括两个方面：一是伺服电动机驱动抓取机械手的定位控制；二是机械手到各工作单元物料台上抓取或放下工件。本程序采用 FX_{1N} 绝对位置控制指令来定位，因此需要知道各工位的绝对位置脉冲数。各工位绝对位置的脉冲数可参考图 3-68 所示程序，其中运行速度为 40mm/s，设置运行频率为 4000Hz，运行速度为 60mm/s，设置运行频率为 6000Hz。图 3-73 所示是机械手工作流程图，仅供参考。

(2) 初态检查复位程序 系统上电且按下复位按钮后，进入初始状态检查和复位操作阶段，目标是确定系统是否准备就绪，若未准备就绪，则系统不能起动进入功能测试状态。

该复位程序的内容是检查抓取机械手装置是否在原点位置，且输送单元各个气缸是否满足初始位置的要求，如不满足要求，则进行相应的复位操作，直至准备就绪，并有相应的指示灯显示状态。

五、任务实施

(一) 机械本体安装

本单元的安装同样遵循先组装成组件，再进行总装的原则。

(1) 直线运动组件 直线运动传动组件图参见图 3-56。组装直线运动组件的步骤如下：

工件加工装配过程的自动控制 项目三

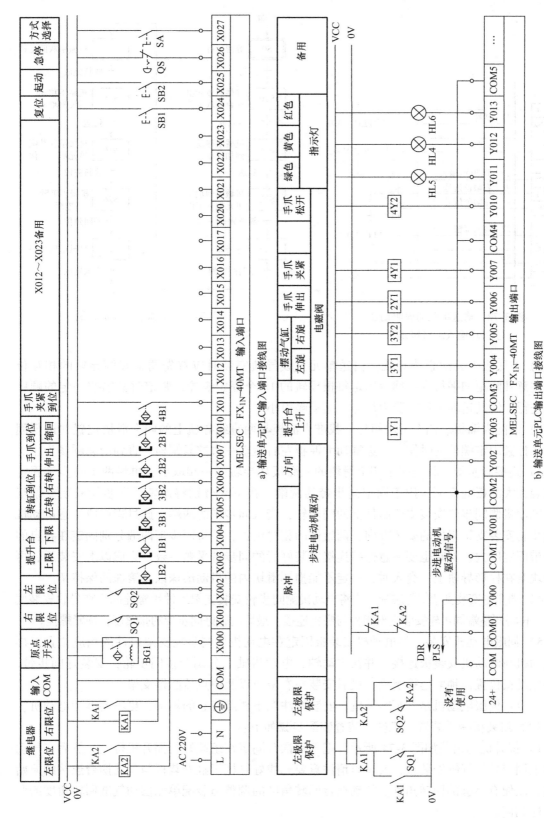

图 3-71 输送单元PLC接线图
a) 输送单元PLC输入端口接线图 b) 输送单元PLC输出端口接线图

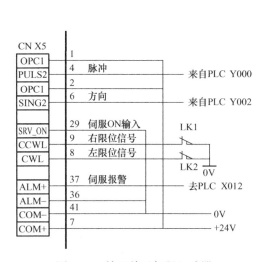

图 3-72 输送单元伺服驱动器与 PLC 输入端口接线图

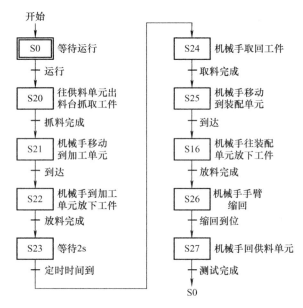

图 3-73 机械手工作流程图

1）在底板上装配直线导轨。输送单元直线导轨安装时应首先调整好两导轨的相互位置，注意其间距和平行度；然后紧定每根导轨的 18 个固定螺栓，紧定时必须按一定的顺序逐步进行，使其运动平稳、受力均匀、运动噪声小。

2）装配大溜板、四个滑块组件。找准大溜板与两直线导轨上的四个滑块位置并进行固定，在拧紧固定螺栓的时候，一边推动大溜板左右运动一边拧紧螺栓，直到滑动顺畅为止。

3）连接同步带。将连接了四个滑块的大溜板从导轨的一端取出，再将两个同步带固定座安装在大溜板的反面，用于固定同步带的两端。接下来分别将调整端同步轮安装支架组件、电动机侧同步轮安装支架组件上的同步轮，套入同步带的两端，此过程中应注意电动机侧同步轮安装支架组件的安装方向、两组件的相对位置，并将同步带两端分别固定在各自的同步带固定座内，同时也要注意保持连接安装好后的同步带平顺一致。完成以上安装后，再将滑块套在柱形导轨上，套入时，一定不能损坏滑块内的滑动滚珠以及滚珠的保持架。

4）同步轮安装支架组件装配。先将电动机侧同步轮安装支架组件用螺栓固定在导轨安装底板上，再将调整端同步轮安装支架组件与底板连接，最后调整好同步带的张紧度，锁紧螺栓。

5）伺服电动机安装。将电动机安装板固定在电动机侧同步轮支架组件的相应位置，再将电动机与电动机安装板连接，并在主动轴、电动机轴上分别套接同步轮，安装好同步带，调整电动机位置，锁紧连接螺栓。最后安装左右限位以及原点传感器支架。

注意：伺服电动机是一精密装置，安装时注意不要敲打它的轴端，更不要拆卸电动机。

（2）组装机械手装置　机械手装置装配步骤如下：

1）提升机构组装如图 3-74 所示。把气动摆台固定在组装好的提升机构上，然后在气动摆台上固定导杆气缸安装板，安装时请注意要先找好导杆气缸安装板与气动摆台连接的原始位置，以便有足够的回转角度。气动摆台回转角度的调整与装配单元摆动气缸回转角度的调整方法相同。

2)连接气动手指和导杆气缸,然后把导杆气缸固定到导杆气缸安装板上。完成抓取机械手装置的装配。

3)把抓取机械手装置固定到直线运动组件的大溜板上,如图 3-75 所示。最后,检查摆台上的导杆气缸、气动手指组件的回转位置是否满足在其余各工作单元上抓取和放下工件的要求,进行适当的调整。

图 3-74　提升机构组装

图 3-75　装配完成后的抓取机械手装置

(二)气路连接和电气配线敷设

当抓取机械手装置做往复运动时,连接到机械手装置上的气管和电气连接线也随之运动。机械手装置上的气管和电气连接线是通过拖链带引出到固定在工作台上的电磁阀组和接线端口上的。为确保这些气管和电气连接线运动顺畅,避免在移动过程拉伤或脱落,连接到机械手装置上的管线首先绑扎在拖链带安装支架上,再沿拖链带敷设,进入管线线槽中。绑扎管线时要注意管线引出端到绑扎处保持足够长度,以免机构运动时被拉紧造成脱落。沿拖链敷设时注意管线间不要相互交叉。已完成气路连接和电气配线敷设如图 3-76 所示。

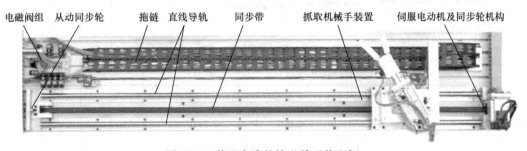

图 3-76　装配完成的输送单元装配侧

(三)安装与调试

采用伺服电动机驱动实施本任务的具体工作,包括 PLC 的 I/O 接线、伺服电动机驱动器参数设置、程序的编制,请参照前面所述的思路自行完成。

调试步骤如下:

1)当输送单元各个气缸不满足初始位置的要求时,应检查复位动作是否符合要求。
2)机械手装置直线运行时,检查运行速度是否与要求一致。
3)调试状态指示灯在复位过程中的状态指示是否符合要求。
4)调试伺服电动机的越程故障是否具有保护功能。
5)检查机械手装置抓取工件与放下工件的过程是否符合要求。

六、任务思考与评价

(一) 任务思考

1) 总结绝对位置控制指令与相对位置控制指令的应用区别,分别用在什么场合更合适。
2) 总结伺服驱动器参数设置的步骤与方法。
3) 总结伺服驱动器的电气连接与检查方法。
4) 编程:系统起动后,供料单元应推出工件到出料台,然后抓取机械手装置执行抓取供料单元出料台上工件的操作。动作完成后,伺服电动机驱动机械手装置以 50mm/s 的速度移动至装配单元处,并将工件放至装配台上后,机械手手臂缩回后回原位。

(二) 任务评价

评价表			编号:09					
项目三 任务四		输送单元的安装与调试		总学时:12				
团队负责人			团队成员					
评价项目		评 定 标 准		自评	互评1	互评2	互评3	教师	团队
专业能力 (50分)	机械安装、气路连接及工艺 (10分) I/O 电气安装 (10分)	机械装配完整、安装定位符合要求;气路连接符合规范;I/O 端口进出线长度、颜色合理,工艺符合规范。 □优(20) □良(16) □中(14) □差(10)							
	伺服驱动器的使用 (5分)、程序的编制 (10分)	程序正确合理,伺服驱动器的使用合理规范,伺服参数设置正确。 □优(15) □良(12) □中(8) □差(5)							
	气路调整 (2分)、传感器调节 (3分)、功能检测调试 (10分)	调试方法正确,工具仪器使用得当。 □优(15) □良(12) □中(8) □差(5)							
方法能力 (30分)	独立学习的能力	能够独立学习新知识和新技能,完成工作任务。 □优(10) □良(8) □中(6) □差(4)							
	分析并解决问题的能力	独立解决工作中出现的各种问题,顺利完成工作任务。 □优(10) □良(8) □中(6) □差(4)							
	获取信息能力	通过网络、书籍、技术手册等获取信息,整理资料,获取所需知识。 □优(10) □良(8) □中(6) □差(4)							
社会能力 (20分)	团队协作和沟通能力	团队成员之间相互沟通与协商,具备良好的群体意识,通力合作,圆满完成工作任务。 □优(10) □良(8) □中(6) □差(4)							
	工作责任心与职业道德	具备良好的工作责任心、群体意识和职业道德。注意劳动安全。 □优(10) □良(8) □中(6) □差(4)							
小计									
总分 (总分 = 自评×15% + 互评×15% + 教师×30% + 团队×40%)									
评价教师			日期						
学生确认			日期						

项目四　网络控制技术在自动化生产线中的应用

> **学习目标**
>
> 1. 能了解分拣单元的组成及作用，并能进行机械本体的安装。
> 2. 能根据控制关系进行 PLC 输入输出口分配，并完成电气安装。
> 3. 能正确调整各类传感器和气压装置，使其正常工作。
> 4. 能正确使用变频器，实现变频器与 PLC 通信功能要求。
> 6. 能熟练应用 MCGS 软件，并实现组态控制。
> 7. 能掌握 1∶1 网络和 N∶N 网络通信设置，实现 PLC 之间网络通信功能。
> 8. 能根据控制要求编制工作程序。
> 9. 能进行系统调试，并进一步优化程序。

任务一　分拣单元的安装与调试

一、分拣单元的主要组成与功能

分拣单元的基本功能是完成将送来的已加工装配的工件进行传送，实现不同属性工件（颜色、材料等）从不同的料槽分拣的功能。当输送单元的机械手装置送来成品工件放到传送带上并被进料定位 U 形板内置的光纤传感器检测到时，PLC 控制起动变频器，工件开始送入分拣区进行分拣。分拣单元主要结构组成为：传送和分拣机构，传动带驱动机构，变频器模块，电磁阀组，接线端口，PLC 模块，按钮/指示灯模块及底板等。其中，装置侧俯视如图 4-1 所示。

（一）传送和分拣机构

传送和分拣机构主要由传送带、出料滑槽、推料（分拣）气缸、磁性开关、进料检测（光电或光纤）传感器、属性检测（电感式和光纤）传感器组成。它的功能是把已经加工好或装配好的工件从进料口输送至分拣区；通过电感传感器的检测确定工件套件的属性，通过光纤传感器的检测确定芯件，再根据工作任务要求进行分拣，把不同类别的工件推入三条出料槽中。

为了准确确定工件在传送带上的位置，在传送带进料口安装了定位 U 形板，用来纠偏机械手输送过来的工件并确定其初始位置。传送过程中工件移动的距离是通过对与主动轴联动的旋转编码器产生的脉冲进行高速计数确定。

自动化生产线安装与调试

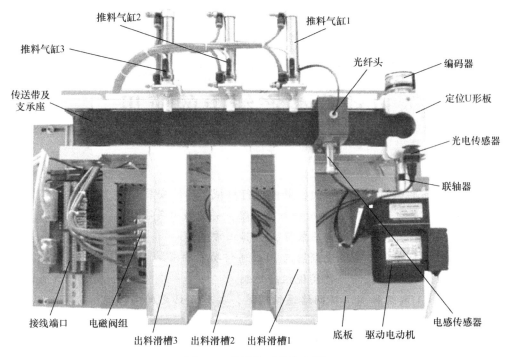

图 4-1 分拣单元的装置侧

(二) 传动带驱动机构

传动带采用三相异步电动机驱动,驱动机构包括电动机支架、电动机、弹性联轴器等,电动机轴通过弹性联轴器与传送带主动轴连接,如图 4-2 所示。安装时务必注意,必须确保两轴间的同心度。

三相异步电动机是传动驱动机构的主要部分,电动机支架用于固定电动机。联轴器的作用是把电动机的轴和输送带主动轮的轴连接起来,从而组成一个传动机构。电动机转速的快慢由变频器来控制,其作用是驱动传送带输送工件。

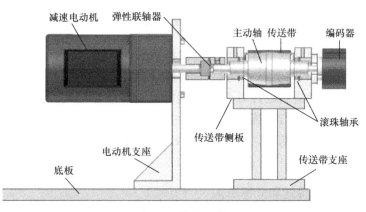

图 4-2 传动机构

二、任务描述

本任务只考虑分拣单元单站运行时的情况,具体的控制要求为:

1) 本次任务是完成对白色芯金属工件、黑色芯金属工件和白色芯塑料工件进行分拣。

为了在分拣时准确推出工件,要求使用旋转编码器做定位检测。并且工件材料和芯体颜色属性应在推料气缸前的适当位置被检测出来。

2) 设备上电和气源接通后,若工作单元的三个气缸均处于缩回位置,且传送带U形板入料口无工件,则"正常工作"指示灯HL2黄灯常亮,表示设备准备好。否则,该指示灯以1Hz频率闪烁。

3) 若设备准备好,按下起动按钮,系统起动,"设备运行"指示灯HL3绿灯常亮。当传送带U形板入料口人工放下已装配好的工件时,与FX系列PLC通过RS485通信方式连接的变频器起动,驱动传动电动机以频率固定为30Hz的速度,把工件带往分拣区。

4) 如果工件为白色芯金属件,则该工件到达1号滑槽中间时,传送带停止,工件被推到1号槽中;如果工件为黑色芯金属件,则该工件到达2号滑槽中间时,传送带停止,工件被推到2号槽中;如果工件为白色芯塑料件,则该工件到达3号滑槽中间时,传送带停止,工件被推到3号槽中。工件被推出滑槽后,该工作单元的一个工作周期结束。仅当工件被推出滑槽后,才能再次向传送带下料。

5) 如果在运行期间按下停止按钮,该工作单元在本工作周期结束后停止,运行"设备运行"指示灯HL3灭。

要求完成如下具体任务:
1) 规划PLC的I/O分配及接线端子分配。
2) 机械本体与外围元器件的安装、气路连接。
3) 电气安装与检查,气路调试。
4) 按控制要求编制PLC程序。
5) 进行调试与运行。

三、相关知识点

(一) 分拣单元的气动控制回路

分拣单元的电磁阀组使用了三个二位五通的带手控开关的单电控电磁阀,它们安装在汇流板上。这三个阀分别对三个出料槽的推动气缸的气路进行控制,以改变各自的动作状态。气动控制回路的工作原理如图4-3所示。

(二) PLC与变频器通信简介

(1) PLC对变频器的功能控制 通过设计PLC的通信程序能对变频器进行各种控制,而这种控制只需要几根通信线即可实现,一般按控制功能和通信数据流向可以分为如下4种:

1) 对变频器进行运行控制。

所谓运行控制,就是PLC通过通信对变频器的正转、反转、停止、运转频率、点动、多段速等各种运行进行控制,其通信过程是PLC直接向变频器发出运行指令信号。

2) 对变频器进行运行状况监控。

运行状况监控是指把变频器当前电流、电压、运行频率、正反转等各种状况送到PLC进行处理和显示。其通信过程是:PLC首先要向变频器发送一个要求读取运行状态的指令,然后变频器回传给 PLC 一个信号（包含有要读取运行状态的值），存到 PLC 的指定存储单元；PLC 再把这些存储单元的内容（即运行状况参数）进行处理或送到触摸屏上显示出来。

3) 对变频器相关参数进行设定修改。

PLC 可以对变频器进行参数设定和修改。例如，对上、下限频率，加/减速时间，操作模式，程序运行等多种变频器参数进行修改。其通信过程是 PLC 直接向变频器发出参数值修改指示。

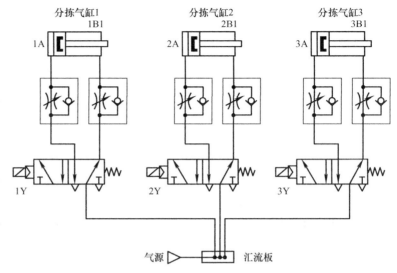

图 4-3　分拣单元气动控制回路的工作原理

4) 读取变频器参数值。

PLC 也可以读取变频器当前所设定的各种参数值。其通信过程是 PLC 先向变频器发送一个要求读取参数的指令，变频器则要回传给 PLC 一个信号（包含要读取的参数值），存到 PLC 的指定存储单元。PLC 再进行处理。

(2) PLC 与变频器通信接口　PLC 与变频器都必须具备能够进行通信的硬件电路，然后由导线将它们连接起来进行通信。这种硬件电路称为通信接口。硬件电路的设计标准不同，就形成了各种不同的接口标准，如 RS232、RS422、RS485 等。PLC 与变频器进行通信，双方的接口标准必须一致。例如，三菱 FX$_{3U}$ PLC 的通信接口是 RS485，三菱 FR-E700 变频器通过内置的 PU 接口可进行 RS485 通信，它们的接口标准相同，可以直接通信，其通信连接图如图 4-4 所示，PU 接口插针排列见表 4-1。采用 RS485 通信方式连接 FX$_{3U}$ 系列 PLC 与变频器，最多可以对 8 台变频器进行运行监控、各种指令以及参数的读出/写入等功能，如果系统中有触摸屏，还可以将各种电参数直接通过触摸屏写入、显示。如果双方接口标准不一致，则必须在中间加上接口转换设备，把接口标准变成一致。

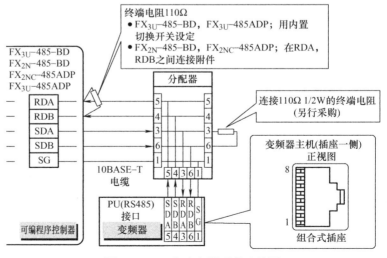

图 4-4　PLC 与变频器通信连接图

表 4-1　PU 接口插针排列

插针编号	名称	内容
①	SG	接地（与端子 5 导通）
②	—	参数单元电源
③	RDA	变频器接收 +
④	SDB	变频器发送 −
⑤	SDA	变频器发送 +
⑥	RDB	变频器接收 −
⑦	SG	接地（与端子 5 导通）
⑧	—	参数单元电源

（3）三菱变频器专用通信指令　在 RS485 通信方面，除了支持三菱变频器专用协议外，还支持 MODBUS RTU 通用通信协议，当 PLC 与三菱变频器进行通信时，必须详尽研究它的通信协议，确定其通信格式与数据格式，并利用 RS 指令经典法进行通信程序设计，这种方式的缺点是程序编写复杂、程序容量大、占内存、易出错、难调试，因此，变频器专用通信指令是在克服经典法设计缺点上出现的，目前已逐渐被越来越多的生产厂家所采用。由于变频器采用的是 E700 系列，这里介绍 FX_{3U} PLC 与变频器之间的专用通信指令。

三菱在其小型可编程序控制器 FX 系列的新产品 FX_{3U} 和 FX_{3UC} 上增加了五个变频器的专用通信指令，同时也保留了串行通信指令，但它也规定了 RS 指令和变频器专用通信指令不能在同一通信程序中一起使用。

1）变频器运行监视指令。

指令说明：指令形式如图 4-5 所示。该指令与 EXTR K10 类同，实现功能是按指令代码 S2 的要求，将站址为 S1 的变频器的运行监视数据读到 PLC 的 D 中。其中，S1 的范围是 0~31；S2 是功能操作指令代码；D 是读出值的保存地址；通道 n，K1 表示通道 1，K2 表示通道 2（下同）。

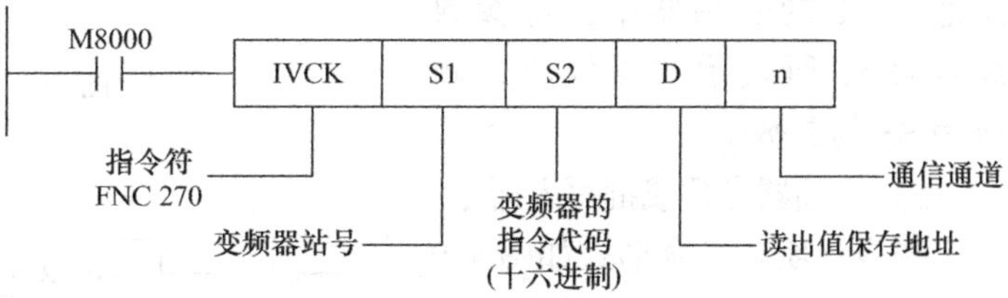

2）变频器运行控制指令。

指令说明：指令形式如图 4-6 所示。该指令与 EXTR K11 类同，实现功能是按指令代码 S2 的要求，对在通信通道 n 连接的站址为 S1 的变频器，将控制内容 S3 写入变频器（作为参数设定值），或是保存设定

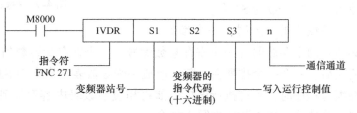

图 4-5　运行监视指令形式

图 4-6　运行控制指令形式

数据的软元件编号来控制变频器的运行。其中，常用的运行控制指令代码见表 4-2。

表 4-2 变频器运行控制常用指令代码

功 能 码	控 制 内 容
HFB	运行模式（H01 外部操作，H02 通信操作）
HFA	运行指令（H00 停止，H02 正转，H04 反转）
HED	写入设定频率（RAM）
HEE	写入设定频率（EEPROM）
HFD	变频器复位
HF4	异常内容的成批清除
HFC	参数的全部清除

3）变频器参数读出指令。

指令说明：指令形式如图 4-7 所示。该指令与 EXTR K12 类同，实现功能是把站址为 S1 的变频器中参数编号为 S2 所表示的参数内容读出并存入 PLC 的存储器 D 中。

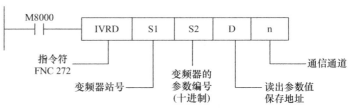

图 4-7 参数读出指令形式

4）变频器参数写入指令。

指令说明：指令形式如图 4-8 所示。该指令与 EXTR K13 类同，实现功能是在通信通道 n 连接的站址为 S1 的变频器中，将参数编号为 S2 所表示的参数内容修改为 S3 的参数值。

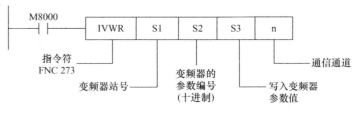

图 4-8 参数写入指令形式

5）变频器参数成批写入指令。

指令说明：指令形式如图 4-9 所示。实现功能是在通信通道 n 连接的站址为 S1 的变频器中，将 PLC 中以 S3 为首址的参数表内容写入变频器相应的参数中，写入的参数个数为 S2 个。

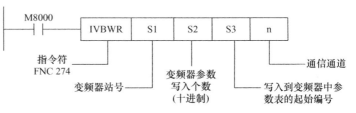

图 4-9 参数成批写入指令形式

参数成批写入时，一个参数必须有两个存储器（一个寄存参数编号，一个寄存参数数值），且规定参数编号在前，参数值在后，一个一个排列在一起，形成一张参数表，指令中 S3 为该存储区的首址，见表 4-3。在编写程序时，须在执行该指令前将相应参数表内容存储到存储区中（称为指令初始化），然后才能执行该参数成批写入指令。

这个专用指令不但可以一次写入多个参数值，而且不需要参数编号连续，当需要一次写入多个不同编号（不连续）参数值时，只要将参数编号和参数值依次存入 PLC 指定的存储区中即可。指令执行后，会自动将各个参数值写入相应的参数中。

网络控制技术在自动化生产线中的应用

表 4-3 参数成批写入的参数表

存储区	存储器	内容
S3	D100	参数编号 1
S3 +1	D101	参数写入值 1
S3 +2	D102	参数编号 2
S3 +3	D103	参数写入值 2
S3 +4	D104	参数编号 3
S3 +5	D105	参数写入值 3
S3 +6	D106	参数编号 4
S3 +7	D107	参数写入值 4

（4）三菱 FR – E700 变频器通信参数设置 当三菱 PLC 与三菱 FR – E700 变频器进行通信控制时，首先要了解 FR – E700 的通信参数设置，并先设置其相应的通信参数，即站号、通信速率、数据位、停止位、校验位。连接到可编程序控制器之前，请用变频器的 PU（参数设定单元）事先设定与通信有关的参数，见表 4-4。一旦在可编程序控制器中改写了这些参数，便不能通信，所以如果错误地更改了这些设定，则需要重新进行设定。

表 4-4 FR – E700 变频器通信参数

参数号	参数名称	初始值	设定值	设定内容
Pr. 117	PU 通信站号	0	00 ~31	确定从 PU 接口通信的站号，最多可以连接 8 台，当有两台以上变频器时，就需设定站号
Pr. 118	PU 通信速度（波特率）	192	48	4800bit/s
			96	9600bit/s
			192	19200bit/s（标准）
			384	38400bit/s
Pr. 119	PU 通信停止位长/数据位	1	0	数据位 8 位，停止位 1 位
			1	数据位 8 位，停止位 2 位
			10	数据位 7 位，停止位 1 位
			11	数据位 7 位，停止位 2 位
Pr. 120	PU 通信奇偶校验	2	0	无
			1	奇校验
			2	偶校验
Pr. 121	PU 通信重试次数	1	0 ~10	发生数据接收错误时的再试次数容许值
			9999	即使发生通信错误变频器也不会跳闸
Pr. 122	PU 通信检查时间间隔	0	0	可进行 RS485 通信，但有指令权的运行模式启动的瞬间将发生通信错误
			0.1 ~999.8s	通信校验时间的间隔
			9999	不进行通信校验
Pr. 123	设定 PU 通信的等待时间	9999	0 ~150ms	设定向变频器发出数据后信息返回的等待时间
			9999	用通信数据进行设定

135

(续)

参数号	参数名称	初始值	设定值	设定内容
Pr. 124	选择 PU 通信 CR、LF	0	0	无 CR/LF
			1	有 CR 无 LF
			2	有 CR/LF
Pr. 79	选择运行模式	0	0~4、6、7	运行模式选择,上电时外部运行模式
Pr. 340	选择通信起动模式	0	0	取决于 Pr. 79 的设定
			1	网络运行模式
			10	网络运行模式 可通过操作面板切换 PU 运行模式和网络运行模式
Pr. 549	协议选择	0	0	三菱变频器（计算机链接）协议
			1	Modbus-RTU 协议

（5）程序示例　图 4-10 所示是一个利用 FX$_{3U}$ PLC 与变频器之间的专用通信指令进行参数写入控制的例子。PLC 与变频器通过通信通道 2 连接,实现了 PLC 中以 D200 为首址的参数 (Pr. 128)，将这些参数的参数内容写入到通信控制站址为 00 的变频器相应的参数中,写入的参数个数 4 个,其中 PID 参数：Pr. 128 = 20, Pr. 129 = 60%, Pr. 130 = 10s, Pr. 134 = 1s。

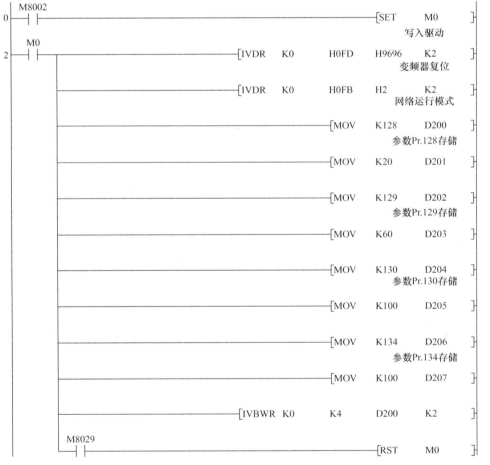

图 4-10　参数写入控制梯形

四、任务分析

(一) PLC 的 I/O 分配

本单元装置 PLC 选用三菱 FX_{3U}-48MR 主单元,共 24 点输入和 24 点继电器输出。根据工作任务要求,规定电动机的运行频率固定为 30Hz,采用变频器通信方式实现,故不需要分配运行控制信号与速度信号,工作单元 PLC 的 I/O 信号分配见表 4-5,接线原理图如图 4-11 所示。

表 4-5 分拣单元 PLC 的 I/O 分配表

输入信号			输出信号		
序号	PLC 输入点	信号名称	序号	PLC 输出点	信号名称
1	X000	旋转编码器 B 相	1	Y004	推杆 1 电磁阀
2	X001	旋转编码器 A 相	2	Y005	推杆 2 电磁阀
3	X002	旋转编码器 Z 相	3	Y006	推杆 3 电磁阀
4	X003	进料口工件检测	4	Y007	HL1 指示灯(红色)
5	X004	电感传感器	5	Y010	HL2 指示灯(黄色)
6	X005	光纤传感器	6	Y011	HL3 指示灯(绿色)
7	X007	推杆 1 推出到位			
8	X010	推杆 2 推出到位			
9	X011	推杆 3 推出到位			
10	X012	停止按钮			
11	X013	起动按钮			
12	X014	急停开关			
13	X015	单机/全线(未用)			

(二) 分拣单元单站控制的编程思路

PLC 上电后应首先进入初始状态检查阶段,本单元系统准备就绪的条件是三个气缸在上电和气源接入时在初始位置,且定位 U 形板入料台上无工件。系统准备就绪条件 M0 如图 4-12 所示。

本任务是完成对白色芯金属工件、黑色芯金属工件和白色芯塑料工件进行分拣。采用安装在传感器支架上的电感传感器和光纤传感器实现这三种工件的判别。电感传感器可以区分金属和塑料材质。通过对光纤传感器的放大器的灵敏度调节,当灵敏度调得较小时,对于反射性较差的黑色物体,光电探测器无法接收到反射信号,而对于反射性较好的白色物体,光电探测器就可以接收到反射信号,以此可以区分黑色芯和白色芯。具体如图 4-13 所示。

为了在分拣时准确推出工件,要求使用旋转编码器做定位检测,分别测试工件在三个槽口位置对应的脉冲数,关于这段程序这里不再赘述。

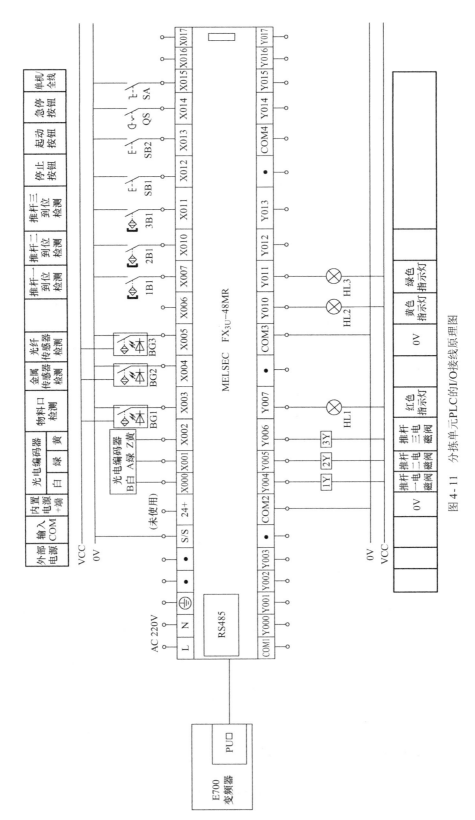

图4-11 分拣单元PLC的I/O接线原理图

图 4-12 分拣单元准备就绪梯形图

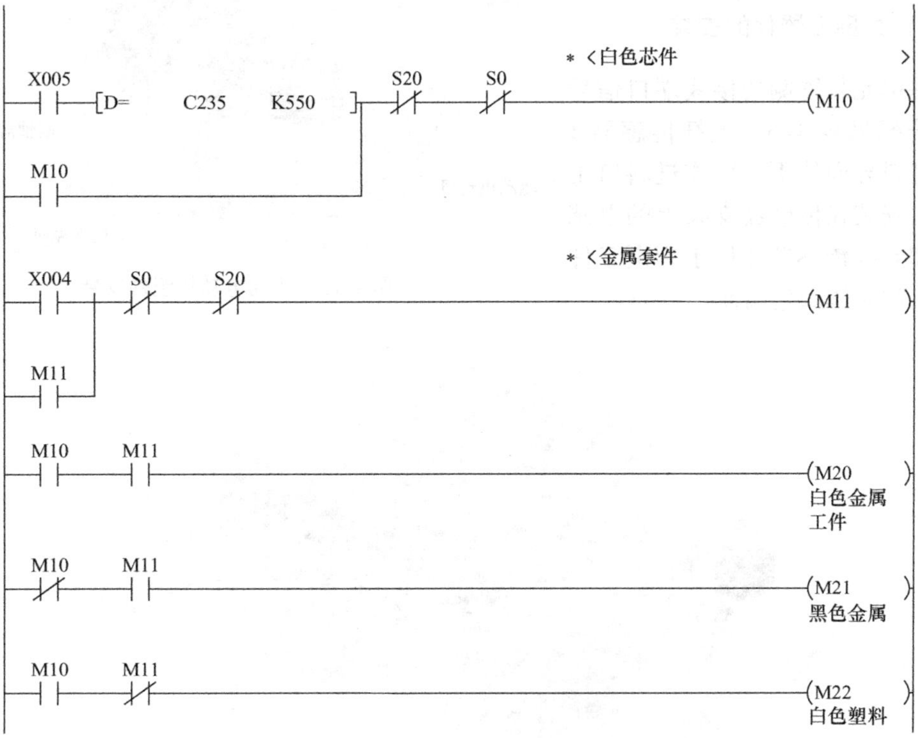

图 4-13 成品工件材质判别梯形图

五、任务实施

(一) 机械本体安装

分拣单元机械装配可按以下四步进行：

1）完成传送机构的组装，装配传送带装置及其支座，然后将其安装到底板上，如图 4-14 所示。

2）完成驱动电动机组件装配后，下一步装配联轴器，把驱动电动机组件与传送机构相连接并固定在底板上，如图 4-15 所示。

3）再完成推料气缸支架、推料气缸、传感器支架、出料槽及支撑板等装配，如图 4-16 所示。

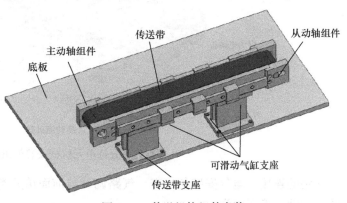

图 4-14 传送机构组件安装

4）最后完成各传感器、电磁阀组件、装置侧接线端口等装配。

根据工作任务要求，设备机械装配和传感器安装完成后如图4-17所示。

(二) 外围元器件的安装

分拣单元装置侧的接线端口信号端子的分配见表4-6。光纤传感器1安装在进料导向器下，用作进料口工件检测。安装在传感器支架上的电感传感器和光纤传感器2用于判别工件套件材料和芯体颜色属性。

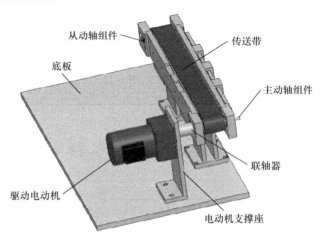

图4-15 驱动电动机组件安装

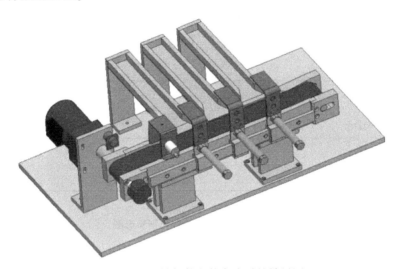

图4-16 机械部件安装完成时的效果图

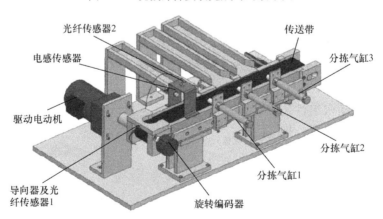

图4-17 分拣单元机械安装效果图

气路的连接、电气安装与检查、气路调试与前面单元类似，这里不再详细说明。检查线路的正确性，确保无误。

表 4-6　装配单元装置侧的接线端口信号端子的分配

输入端口中间层			输出端口中间层		
端子号	设备符号	信号线	端子号	设备符号	信号线
2	DECODE	旋转编码器 B 相	2	1Y	推杆 1 电磁阀
3		旋转编码器 A 相	3	2Y	推杆 2 电磁阀
4	BG1	光纤传感器 1	4	3Y	推杆 3 电磁阀
5	BG2	光纤传感器 2			
6	BG3	电感传感器			
9	1B1	推杆 1 推出到位			
10	2B1	推杆 2 推出到位			
11	3B1	推杆 3 推出到位			

（三）变频器参数设置与三菱 PLC 系统参数设置

根据任务要求，设置三菱 E700 变频器通信参数，具体设置如下：

Pr. 79 = 0
Pr. 117 = 1　　　　　　　1 号从站
Pr. 118 = 192　　　　　　波特率 19200bit/s
Pr. 119 = 10　　　　　　 7 位数据，停止位 1 位
Pr. 120 = 2　　　　　　　偶校验
Pr. 121 = 9999　　　　　 通信错误无报警
Pr. 122 = 9999　　　　　 通信校验终止
Pr. 123 = 9999　　　　　 由通信数据确立
Pr. 124 = 0　　　　　　　无 CR 无 LF

每次参数初始化设定完后，都需要复位变频器，如果改变与通信相关的参数后，变频器没有复位，则通信将不能进行。

完成三菱 PLC 系统参数设置，需与设置好的三菱 E700 变频器通信参数一致。如图 4-18 所示。

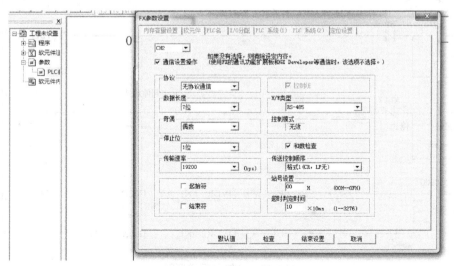

图 4-18　PLC 参数设置

(四) 编制 PLC 程序

图 4-19 给出了系统程序梯形图，图中有分拣单元步进顺序控制程序的梯形图，还有独立于步进顺序控制以外表示各个状态的梯形图，请读者自行分析。

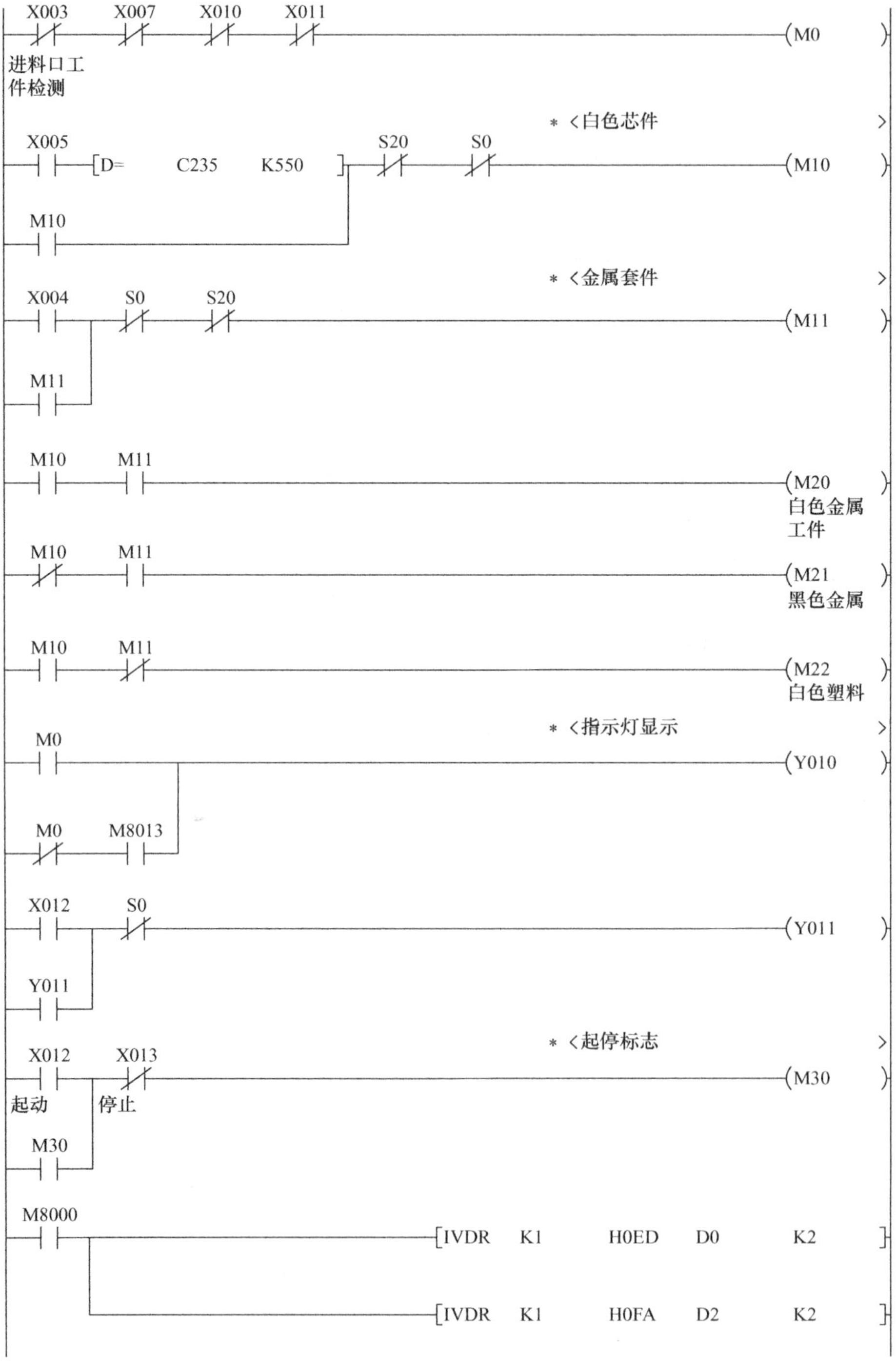

图 4-19 分拣单元梯形图

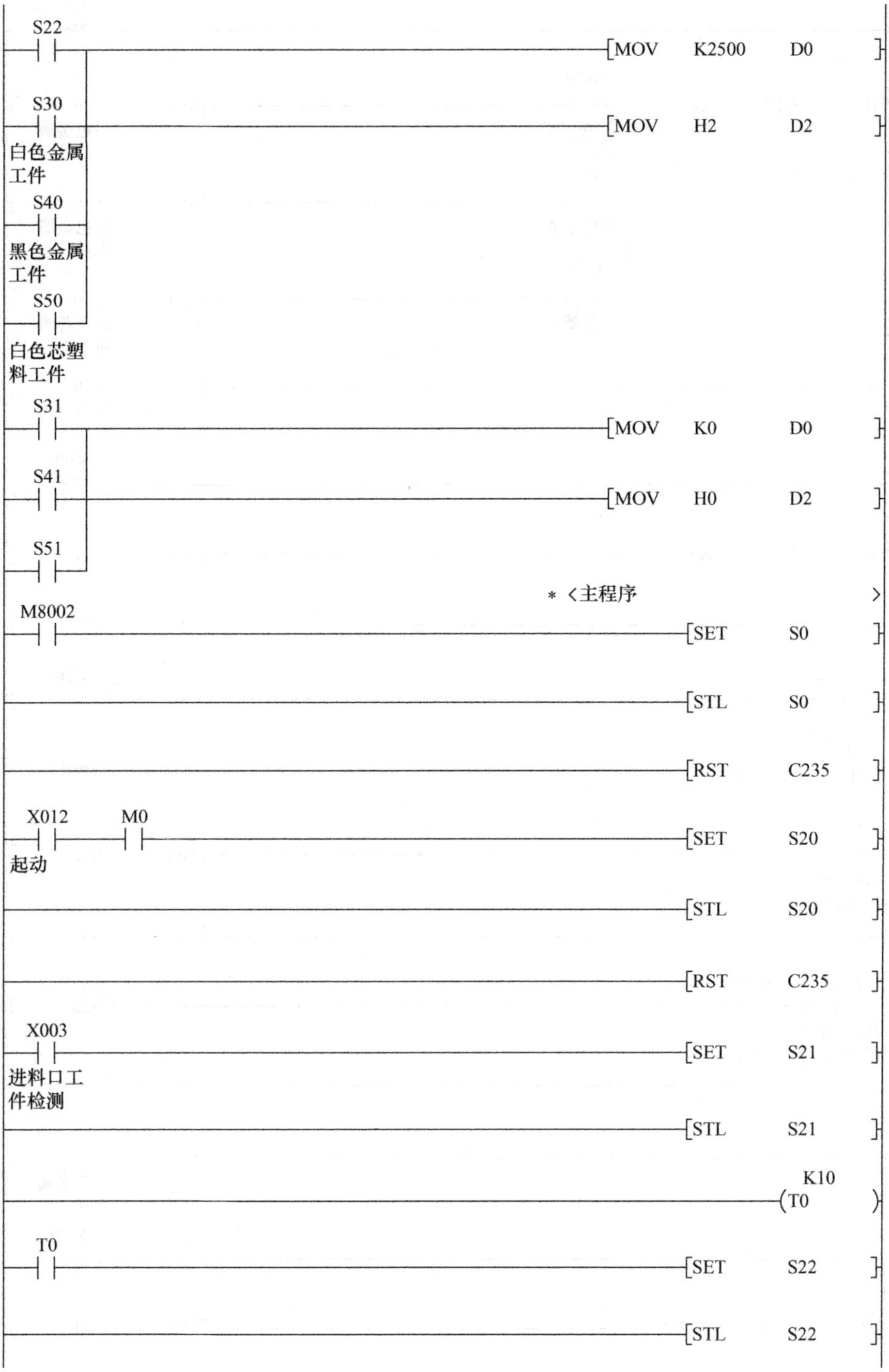

```
    S22
    ├┤────────────────────────────────────[MOV  K2500  D0 ]
    
    S30
    ├┤────────────────────────────────────[MOV   H2    D2 ]
白色金属
工件
    S40
    ├┤
黑色金属
工件
    S50
    ├┤
白色芯塑
料工件
    S31
    ├┤────────────────────────────────────[MOV   K0    D0 ]
    
    S41
    ├┤────────────────────────────────────[MOV   H0    D2 ]
    
    S51
    ├┤                              *〈主程序〉
                                          
   M8002
    ├┤───────────────────────────────────────[SET   S0 ]
    
    ─────────────────────────────────────────[STL   S0 ]
    
    ─────────────────────────────────────────[RST  C235]
    
   X012   M0
    ├┤─────├┤────────────────────────────────[SET   S20]
   起动
    
    ─────────────────────────────────────────[STL   S20]
    
    ─────────────────────────────────────────[RST  C235]
    
   X003
    ├┤──────────────────────────────────────[SET   S21]
进料口工
件检测
    
    ─────────────────────────────────────────[STL   S21]
                                                  K10
    ────────────────────────────────────────────(T0    )
    
    T0
    ├┤──────────────────────────────────────[SET   S22]
    
    ─────────────────────────────────────────[STL   S22]
```

图 4-19 分拣单元梯形图（续）

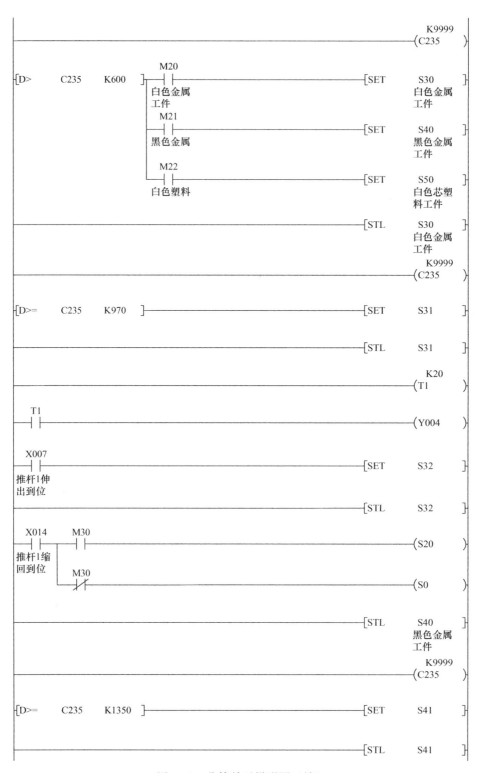

图 4-19 分拣单元梯形图（续）

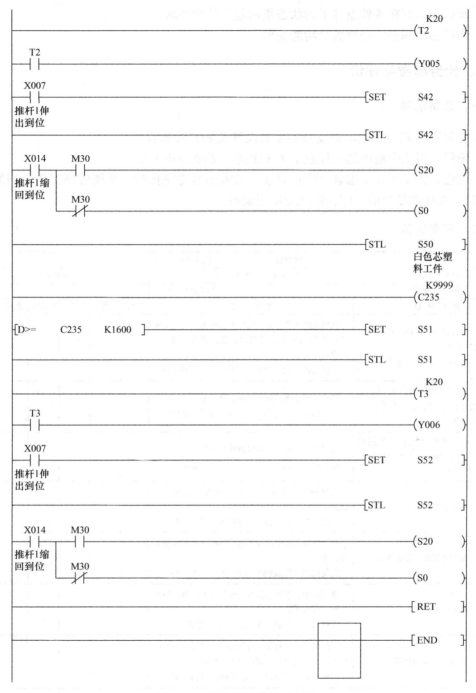

图 4-19 分拣单元梯形图（续）

调试步骤如下：

1) 将变频器参数设置好后断电重启，将程序与参数写入 PLC 后，观察是否成功建立通信。

2) 当定位 U 形板入料口未放入工件时，变频器是否起动。

3) 当工件是白色芯金属工件时，是否对被推到 1 号槽中；如果工件为黑色芯金属件，是否对被推到 2 号槽中；如果工件为白色芯塑料件，是否对被推到 3 号槽中。

4）调试指示灯在各种条件下的状态指示是否符合要求。
5）调试起动和停止是否满足功能要求。

六、任务思考与评价

（一）任务思考

1）变频器与 PLC 通信时的变频器参数设置及 PLC 参数设置。
2）编程：当三个槽中的工件数都为 3 个时，系统停止工作。
3）编程：如果需要考虑紧急停止因素，当需要紧急停止时，系统暂停工作，当紧急停止撤销时，系统恢复当前工作，程序应如何编制？

（二）任务评价

评价表 编号：10							
项目四 任务一		分拣单元的安装与调试		总学时：12			
团队负责人		团队成员					
评价项目		评定标准	自评	互评1	互评2	互评3	教师	团队
专业能力（50分）	机械安装、气路连接及工艺（10分） I/O 电气安装（10分）	机械装配完整、安装定位符合要求；气路连接符合规范；I/O 端口进出线长度、颜色合理，工艺符合规范。 □优(20) □良(16) □中(14) □差(10)					
	变频器通信参数设置（5分）、程序的编制、PLC 参数设置（10分）	程序正确合理，使用方法正确规范。 □优(15) □良(12) □中(8) □差(5)					
	气路调整（2分）、传感器调节（3分）、功能检测调试（10分）	调试方法正确，工具仪器使用得当。 □优(15) □良(12) □中(8) □差(5)					
方法能力（30分）	独立学习的能力	能够独立学习新知识和新技能，完成工作任务。 □优(10) □良(8) □中(6) □差(4)					
	分析并解决问题的能力	独立解决工作中出现的各种问题，顺利完成工作任务。 □优(10) □良(8) □中(6) □差(4)					
	获取信息能力	通过网络、书籍、技术手册等获取信息，整理资料，获取所需知识。 □优(10) □良(8) □中(6) □差(4)					
社会能力（20分）	团队协作和沟通能力	团队成员之间相互沟通与协商，具备良好的群体意识，通力合作，圆满完成工作任务。 □优(10) □良(8) □中(6) □差(4)					
	工作责任心与职业道德	具备良好的工作责任心、群体意识和职业道德。注意劳动安全。 □优(10) □良(8) □中(6) □差(4)					
小计								
总分 （总分 = 自评×15% + 互评×15% + 教师×30% + 团队×40%）								
评价教师			日期				
学生确认			日期				

网络控制技术在自动化生产线中的应用

任务二 供料单元与加工单元并行通信控制

一、任务描述

本任务考虑供料单元和加工单元两站运行时的情况，其中供料单元为主站，加工单元为从站，主令信号及指示灯显示均来自主站，具体的控制要求为：

1）设备上电和气源接通后，若所有气缸均在初始状态，供料单元出料台上没有工件，且料仓内有足够的待加工工件，加工单元加工台上没有工件，指示灯 HL1 黄灯常亮，则表示设备准备好。否则，指示灯 HL1 黄灯以 1Hz 频率闪烁。

2）若设备准备好，按下起动按钮，工作单元起动，"设备运行"指示灯 HL2 绿灯常亮。若出料台上没有工件，则应把工件推到出料台上。

3）延时 5s 后，若待加工工件被送到加工台上并被检出，则设备执行将工件夹紧，送往加工区域冲压。完成冲压动作后，返回待料位置的工件加工工序。待人工取走已加工好的工件后，若没有停止信号，则供料单元开始把下一个工件推到出料台上。

4）若在运行中供料料仓内工件不足，则工作单元继续工作，但"正常工作"指示灯 HL1 黄灯以 1Hz 的频率闪烁，"设备运行"指示灯 HL2 绿灯保持常亮。若供料料仓内没有工件，则 HL1 黄灯和 HL2 绿灯均以 2Hz 频率闪烁，工作站在完成本周期任务后停止推料。向料仓补充足够的工件后，工作站将自行进行推出工件操作。

5）若在运行中按下停止按钮，则在完成本工作周期任务后，停止工作，HL2 绿灯灭。

要求完成如下具体任务：

1）规划 PLC 的 I/O 分配及接线端子分配。
2）机械本体与外围元器件的安装、气路连接。
3）电气安装与检查，气路调试。
4）按控制要求编制 PLC 程序。
5）进行调试与运行。

二、相关知识点

由本任务要求可知，供料单元（主站）与加工单元（从站）两台 PLC 之间需要建立一种联系，这种联系能实现两台 PLC 之前的信息传送与接收。本任务采用 PLC 的并行通信方式实现其功能要求。

FX 系列 PLC 的并行通信即 1∶1 通信，它应用特殊辅助继电器和数据寄存器在两台 PLC 间进行自动的数据传送。根据要链接的点数，可以选择普通和高速两种模式。在最多两台 FX 可编程序控制器之间自动更新数据链接，总延长距离最大可达 500m。

FX 系列 PLC 的并行通信，它应用辅助继电器和数据寄存器实现两台 PLC 之间进行自动的数据传送。主、从站分别由特殊辅助继电器 M8170 和 M8171 来设定。

1. 通信规格

$FX_{2N(C)}$、FX_{1N} 和 FX_{3U} 系列 PLC 的数据传输可在 1∶1 的基础上,通过 100 个辅助继电器和 10 个数据寄存器来完成;FX_{1S} 和 FX_{0N} 系列 PLC 的数据传输可在 1∶1 的基础上,通过 50 个辅助继电器和 10 个数据寄存器来完成。其通信规格见表 4-7。

表 4-7 通信规格

项 目	作 用	
通信标准	与 RS485 及 RS422 一致	
最大传输距离	500m(使用通信适配器),50m(使用功能扩展板)	
通信方式	半双工通信	
传输速率	19200bit/s	
可链接站点数	1∶1	
通信时间	一般模式:70ms	包括交换数据、主动运行周期和从站运行周期
	高速模式:20ms	

2. 通信标志

在使用 1∶1 网络时,FX 系列 PLC 的部分特殊辅助继电器被用作通信标志,代表不同的通信状态,其作用见表 4-8。

表 4-8 通信标志

元 件	作 用
M8070	并行通信时,主站 PLC 必须使 M8070 为 ON
M8071	并行通信时,从站 PLC 必须使 M8071 为 ON
M8072	并行通信时,PLC 运行时为 ON
M8073	并行通信时,当 M8070、M8071 被不正确设置时为 ON
M8162	并行通信时,刷新范围设置,ON 为高速模式,OFF 为一般模式
D8070	并行通信监视时间,默认为 500ms

3. 软元件分配

当两个 FX 系列 PLC 的主要单元分别安装一块通信模块后,用单根带屏蔽双绞线连接即可。编程时设定主站和从站,用辅助继电器在两台可编程序控制器之间进行自动数据传送,很容易实现数据通信链接。主站和从站的设定由 M8070 和 M8071 设定,其辅助继电器和部分数据寄存器的分配如下。

1)一般模式。

在使用 1∶1 网络时,若使特殊辅助继电器 M8162 为 OFF,则选择一般模式进行通信,其通信时间为 70ms。对于 $FX_{2N(C)}$、FX_{1N} 和 FX_{3U} 系列 PLC,按照 1∶1 通信方式连接好两台 PLC 后,将其中一台 PLC 的特殊辅助继电器 M8070 置为 ON 状态,表示该台 PLC 为主站,将另一台 PLC 中的 M8071 置为 ON 状态,表示该台 PLC 为从站,其特殊辅助继电器和数据寄存器的分配如图 4-20 所示。

网络控制技术在自动化生产线中的应用 项目四

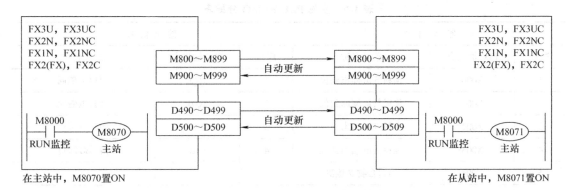

图 4-20 辅助继电器和数据寄存器分配

两台 1∶1 网络通信的 PLC 投入运行后，主站内的 M800~M899 的状态随时可以被从站读取，即从站通过这些 M 的触点状态就可以知道主站内相应线圈的状态，但是从站不可以再使用同样地址的线圈（M800~M899）。同样，从站内的 M900~M999 的状态也可以被主站读取，即主站通过这些线圈的触点就可以知道从站内相应线圈的状态，但是主站也不能再使用 M900~M999 线圈。另外，主站中数据寄存器 D490~D499 中的数据可以被从站读取，从站中的数据寄存器 D500~D509 中的数据可以被主站读取。

2）高速模式。

在使用 1∶1 网络时，若使特殊辅助继电器 M8162 为 ON，则选择高速模式进行通信，其通信时间为 20ms。对于 $FX_{2N(C)}$、FX_{1N} 和 FX_{3U} 系列 PLC，其 4 个数据寄存器被用于传输网络信息，辅助继电器不能用于两台 PLC 之间进行自动数据传送，如图 4-21 所示。

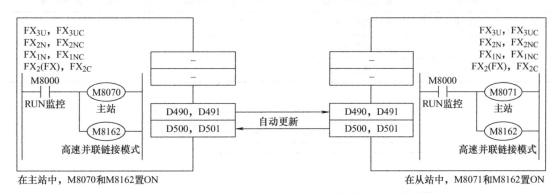

图 4-21 数据寄存器分配

三、任务分析

（一）PLC 的 I/O 分配

主站与从站装置 PLC 均选用三菱 FX_{2N}-32MR 主单元，共 16 点输入和 16 点继电器输出。根据工作任务的要求，主站和从站的 PLC I/O 信号分配见表 4-9、表 4-10，主站与从站，采用 RS485BD 板，通过 1∶1 网络的一般模式进行通信，其接线图如图 4-22 所示。

149

表4-9 主站PLC的I/O分配表

输入信号			输出信号		
序号	PLC输入点	信号名称	序号	PLC输出点	信号名称
1	X000	顶料气缸伸出到位	1	Y000	顶料电磁阀
2	X001	顶料气缸缩回到位	2	Y001	推料电磁阀
3	X002	推料气缸伸出到位	3	Y007	指示灯黄灯
4	X003	推料气缸缩回到位	4	Y010	指示灯绿灯
5	X004	出料台物料检测			
6	X005	供料不足检测			
7	X006	缺料检测			
8	X012	停止按钮			
9	X013	起动按钮			

表4-10 从站PLC的I/O分配表

输入信号			输出信号		
序号	PLC输入点	信号名称	序号	PLC输出点	信号名称
1	X000	加工台物料检测	1	Y000	夹紧电磁阀
2	X001	工件夹紧检测	2	Y001	料台伸缩电磁阀
3	X002	加工台伸出到位	3	Y002	加工压头电磁阀
4	X003	加工台缩回到位			
5	X004	加工压头上限			
6	X005	加工压头下限			

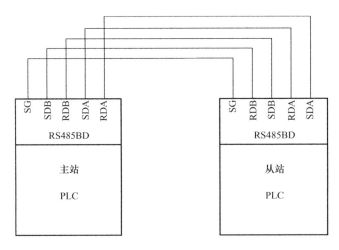

图4-22 主从站通信接线图

（二）主站和从站 PLC 控制的编程思路

PLC 上电后应首先进入初始状态检查阶段，系统准备就绪的条件是各气缸满足初始位置要求，且供料单元料仓内有足够的待加工工件，加工单元加工台上没有工件。这里就需要把从站的信号传送至主站，使用软元件 M900 ~ M999 进行信号传送。具体请参考图 4-23 所示梯形图。

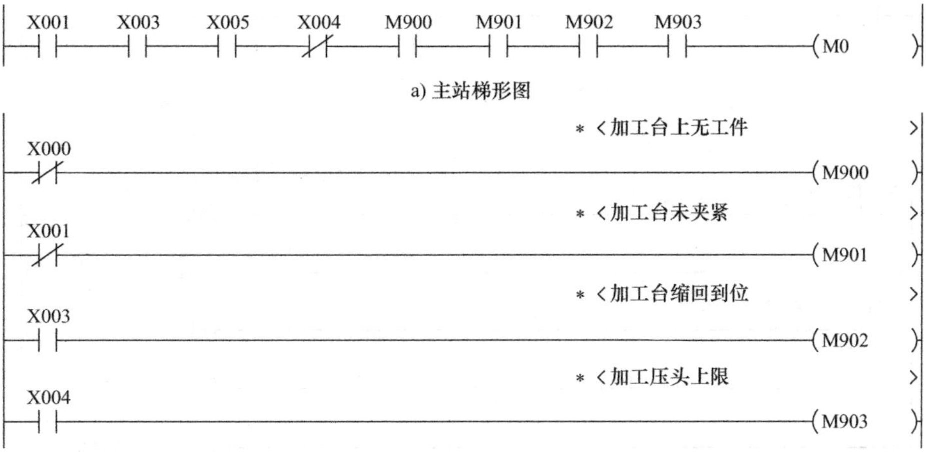

```
  X001   X003   X005   X004   M900   M901   M902   M903
───┤├─────┤├─────┤├─────┤/├─────┤├─────┤├─────┤├─────┤├─────────( M0 )
                              a) 主站梯形图

                                                * <加工台上无工件
  X000
───┤/├────────────────────────────────────────────────────────( M900 )

                                                * <加工台未夹紧
  X001
───┤├─────────────────────────────────────────────────────────( M901 )

                                                * <加工台缩回到位
  X003
───┤├─────────────────────────────────────────────────────────( M902 )

                                                * <加工压头上限
  X004
───┤├─────────────────────────────────────────────────────────( M903 )

                              b) 从站梯形图
```

图 4-23　主从站准备就绪梯形图

系统准备就绪后，当有起动信号到来时，且未接收到停止信号，两站的工作示意图如图 4-24 所示。

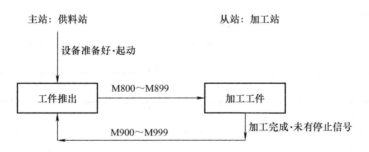

图 4-24　两站的工作示意图

"正常工作"指示灯 HL1 黄灯与"设备运行"指示灯 HL2 绿灯的工作状态独立于顺序功能图之外，请参考任务一。

四、任务实施

机械本体、传感器的安装，电路与气路的连接这里不再重复。

图 4-25 给出了系统程序梯形图，主站程序中省略了指示灯状态显示程序，从站程序中省略了执行加工动作，请读者自行分析。

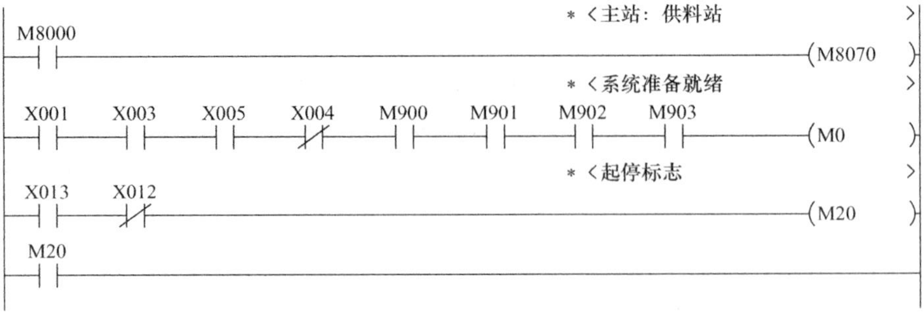

```
                                              *〈主站：供料站          〉
M8000
─┤├─────────────────────────────────────────────────(M8070)
                                              *〈系统准备就绪         〉
X001  X003  X005  X004  M900  M901  M902  M903
─┤├───┤├───┤├───┤/├───┤├───┤├───┤├───┤├──────────(M0  )
                                              *〈起停标志            〉
X013  X012
─┤├───┤/├────────────────────────────────────────(M20 )
M20
─┤├──
```

　　　　　　　　　　　*
　　　　　　　　　　 *
　　　　　　　　　　*

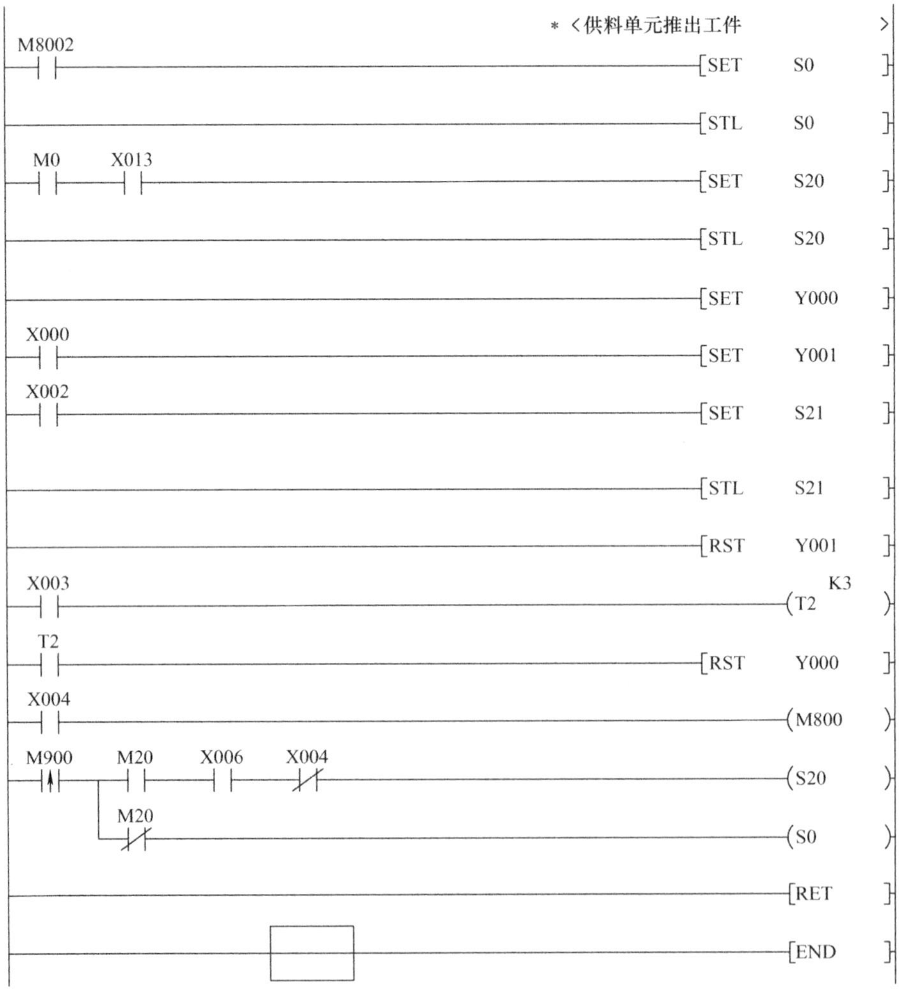

```
                                              *〈供料单元推出工件      〉
M8002
─┤├─────────────────────────────────────────[SET   S0  ]
                                             [STL   S0  ]
M0   X013
─┤├───┤├────────────────────────────────────[SET   S20 ]
                                             [STL   S20 ]
                                             [SET   Y000]
X000
─┤├─────────────────────────────────────────[SET   Y001]
X002
─┤├─────────────────────────────────────────[SET   S21 ]
                                             [STL   S21 ]
                                             [RST   Y001]
X003                                                K3
─┤├─────────────────────────────────────────────(T2  )
T2
─┤├─────────────────────────────────────────[RST   Y000]
X004
─┤├─────────────────────────────────────────────(M800)
M900  M20   X006  X004
─┤↑├──┤├───┤├───┤/├─────────────────────────────(S20 )
      M20
      ─┤/├──────────────────────────────────────(S0  )
                                             [RET      ]
                                             [END      ]
```

a) 主站程序梯形图

图 4-25　主从站梯形图

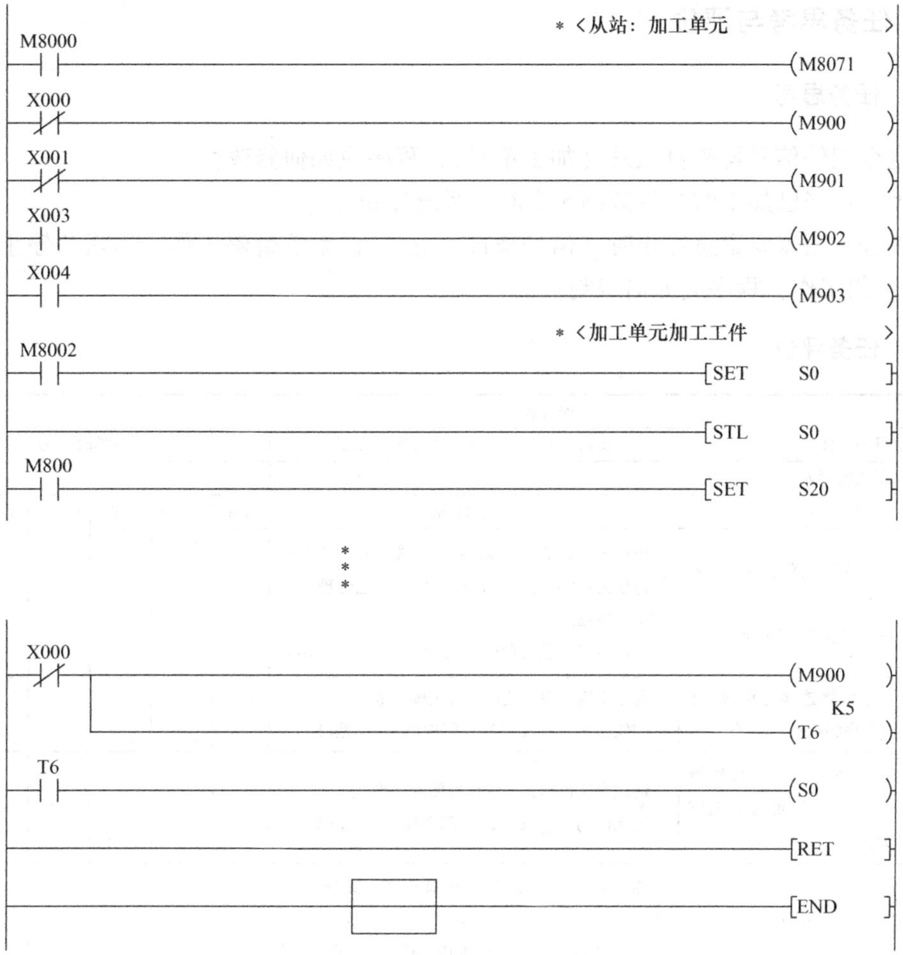

```
                                              *〈从站：加工单元   〉
   M8000
   ──┤├──────────────────────────────────(M8071 )
   X000
   ──┤/├──────────────────────────────────(M900  )
   X001
   ──┤/├──────────────────────────────────(M901  )
   X003
   ──┤/├──────────────────────────────────(M902  )
   X004
   ──┤/├──────────────────────────────────(M903  )
                                         *〈加工单元加工工件  〉
   M8002
   ──┤├──────────────────────────────[SET   S0  ]
                                     ─[STL   S0  ]
   M800
   ──┤├──────────────────────────────[SET   S20 ]

                          * * *

   X000
   ──┤/├──────────────────────────────────(M900 )
                                                  K5
                                           ──────(T6  )
   T6
   ──┤├───────────────────────────────────(S0   )
                                         ─[RET       ]
                                         ─[END       ]
```

b) 从站部分程序梯形图

图 4-25 主从站梯形图（续）

调试步骤如下：

1) 当主站或从站的气缸不在初始状态时，观察指示灯 HL1 黄灯是否闪烁，当主从站气缸均在初始状态时，观察指示灯 HL1 黄灯是否常亮。

2) 系统准备就绪，按下起动按钮，观察指示灯 HL2 绿灯是否常亮，主站是否执行推送工件操作。

3) 当从站加工台上有工件时，延时 5s 后是否执行加工操作。

4) 若运行中主站料仓内工件不足和没有工件时，指示灯状态是否满足任务要求，工作站的运行是否符合任务要求。

5) 若运行中按下停止按钮，工作站的运行是否符合任务要求，指示灯的显示状态是否正确。

五、任务思考与评价

（一）任务思考

1）主令起停信号均来自从站（加工单元），程序应如何修改？

2）编程：当已加工的工件数满5个时，系统停止工作。

3）编程：当需要紧急停止时（信号来自于主站），系统暂停工作，当紧急停止撤销时，系统恢复当前工作，程序应如何编制？

（二）任务评价

评价表		编号：11					
项目四 任务二		供料单元与加工单元并行通信控制		总学时：10			
团队负责人		团队成员					
评价项目		评定标准	自评	互评1	互评2	互评3	教师	团队

	评价项目	评定标准	自评	互评1	互评2	互评3	教师	团队
专业能力 (50分)	机械安装、气路连接及工艺(10分) I/O电气安装（10分）	机械装配完整、安装定位符合要求；气路连接符合规范；I/O端口进出线长度、颜色合理，工艺符合规范。 □优(20) □良(16) □中(14) □差(10)						
	1：1网络连接与设置（5分）、程序的编制（10分）	程序正确合理，使用方法正确规范。 □优(15) □良(12) □中(8) □差(5)						
	气路调整（2分）、传感器调节（3分）、功能检测调试（10分）	调试方法正确，工具仪器使用得当。 □优(15) □良(12) □中(8) □差(5)						
方法能力 (30分)	独立学习的能力	能够独立学习新知识和新技能，完成工作任务。 □优(10) □良(8) □中(6) □差(4)						
	分析并解决问题的能力	独立解决工作中出现的各种问题，顺利完成工作任务。 □优(10) □良(8) □中(6) □差(4)						
	获取信息能力	通过网络、书籍、技术手册等获取信息，整理资料，获取所需知识。 □优(10) □良(8) □中(6) □差(4)						
社会能力 (20分)	团队协作和沟通能力	团队成员之间相互沟通与协商，具备良好的群体意识，通力合作，圆满完成工作任务。 □优(10) □良(8) □中(6) □差(4)						
	工作责任心与职业道德	具备良好的工作责任心、群体意识和职业道德。注意劳动安全。 □优(10) □良(8) □中(6) □差(4)						
		小计						
		总分 (总分＝自评×15％＋互评×15％＋教师×30％＋团队×40％)						
评价教师			日期					
学生确认			日期					

任务三 嵌入式组态 TPC + 三菱 FX 系列 PLC 的通信与控制

一、任务描述

自动化生产线的主要工作目标是把供料单元的工件，经输送单元送往装配单元处进行装配。本任务考虑输送单元和供料单元运行时的情况，其中输送单元为主站，供料单元为从站，采用 N∶N 网络，具体的控制要求为：

（一）触摸屏连接到系统中主站 PLC 的相应接口

在 TPC7062KS 人机界面上组态画面，要求用户窗口包括安装测试界面和系统运行界面两个窗口。

安装测试界面用以测试生产线设备在安装完成后各工作单元的精确位置，应按照下列功能要求自行设计。注：安装时已要求供料单元出料台纵向中心线与原点传感器中心线重合，不再进行测试。

1) 本界面上应设置复位按钮以及初始状态指示灯。当 PLC 上电后，需要进行初始状态检查和复位工作时，触摸复位按钮，PLC 执行复位程序，使抓取机械手各气缸处于初始位置，然后使装置返回到直线运动机构的原点位置，此位置位于原点开关的中心线处。复位完成后，初始状态指示灯被点亮。

2) 本界面上应设置适当的操作开关，操作开关用于单步控制抓取机械手动作以便抓取和放下工件，进行精确寻找定位点。如果复位过程尚未完成，初始状态指示灯尚在熄灭状态而触摸选择开关，则动作不予响应。

3) 仅当复位完成，装置返回初始状态后才能进行供料单元、装配单元位置的精确测试。界面中应设置装配单元位置的显示构件，显示以脉冲数表示的的绝对坐标数据。

4) 接收到 PLC 发送的测试完成信号后，界面上的测试完成指示灯被点亮，同时弹出提示框，提示"各单元安装位置数据测试完毕！"。触摸提示框内"确定"按钮，提示框消失。这时可触摸"运行"按钮返回到运行界面窗口。

5) 运行界面窗口组态应按下列功能自行设计。
- 提供全线运行模式下系统启动信号和停止信号。
- 提供能切换到安装测试界面的按钮。只有系统停止中，切换按钮才有效。
- 指示网络中各站的通信状况（正常、故障）。
- 指示各工作单元的运行、故障状态。其中故障状态包括：
* 供料单元的供料不足状态和缺料状态。
* 输送单元抓取机械手装置越程故障（左或右极限开关动作），以及工作单元运行中的紧急停止状态。发生上述故障时，有关的报警指示灯以闪烁方式报警。

（二）系统的全线运行模式

（1）系统的启动 人机界面切换到运行界面窗口后，输送单元 PLC 程序应首先检查网络通信是否正常，各工作站是否处于初始状态。初始状态是指：

* 输送单元抓取机械手装置在初始位置且已返回参考点停止。
* 供料单元料仓内有足够的工件且出料台上无工件。
* 各从站均处于准备就绪状态。

若上述条件中任一条件不满足，则安装在供料单元上的绿色警示灯以 0.5Hz 的频率闪烁。红色和黄色灯均熄灭。这时系统不能启动。

如果网络正常且上述各工作站均处于初始状态，则绿色警示灯常亮。此时若触摸人机界面上的起动按钮，系统启动。输送单元和供料单元的黄色指示灯常亮，表示系统在全线方式下运行。

(2) 正常运行与停止过程

1) 系统启动后，供料单元应推出工件到出料台，然后抓取机械手装置执行抓取供料单元出料台上工件的操作。动作完成后，伺服电动机驱动机械手装置以 70mm/s 的速度移动至装配单元处，并将工件放至装配台上后机械手手臂缩回后回原位。

2) 机械手装置抓取工件后，供料单元应推出下一个工件；停止运行指令发出后，供料单元停止推出工件，直至机械手将供料台上的最后工件放至装配单元的装配台上后，机械手手臂缩回后回原位，系统停止。

3) 上述操作完成后，警示灯中所有黄色灯熄灭，绿色灯仍保持常亮，系统处于停止状态。这时可触摸界面上的返回按钮返回到安装测试界面。在运行窗口界面下再次触摸起动按钮，系统又重新进入运行状态。

4) 如果发生"工件不足够"的预报警信号，警示灯中红色灯以 1Hz 的频率闪烁，绿色和黄色灯保持常亮。系统继续工作。

5) 如果发生"工件没有"的报警信号，警示灯中红色灯以亮 1s、灭 0.5s 的方式闪烁；黄色灯熄灭，绿色灯保持常亮。系统继续运行，直至完成该工作周期尚未完成的工作。当该工作周期工作结束，系统将停止工作，除非"工件没有"的报警信号消失，系统不能再启动。

要求完成如下具体任务：

1) 规划 PLC 的 I/O 分配及接线端子分配。
2) 机械本体与外围元器件的安装、气路连接。
3) 电气安装与检查，气路调试。
4) 按要求进行组态设计，实现触摸屏控制。
5) 按控制要求编制 PLC 程序。
6) 进行调试与运行。

二、相关知识点

（一）TPC7062KS 人机界面

（1）TPC7062KS 人机界面的硬件连接　TPC7062KS 人机界面的背面有电源进线、各种通信接口。其中 USB1 口用来连接鼠标和 U 盘等，USB2 口用作工程项目下载，COM（RS232）用来连接 PLC。如图 4-26 所示，其接口说明与串口引脚定义如图 4-27 所示。

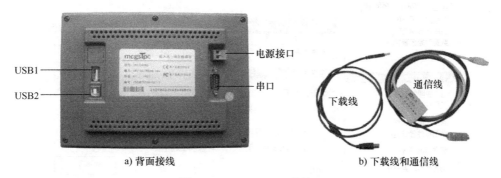

图 4-26 TPC7062KS 的接口

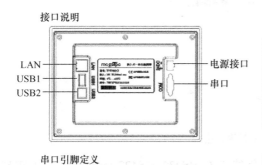

项目	TPC7062K
LAN(RJ45)	以太网接口
串口(DB9)	1×RS232，1×RS485
USB1	主口，USB1.1兼容
USB2	从口，用于下载工程
电源接口	DC 24V(1±20%)

接口	PIN	引脚定义
COM1	2	RS232 RXD
	3	RS232 TXD
	5	GND
COM2	7	RS485+
	8	RS485−

图 4-27 TPC7062KS 的接口说明与串口引脚定义

（2）TPC7062KS 触摸屏与个人计算机的连接 连接以前个人计算机应先安装 MCGS 组态软件。在 YL-335B 上，TPC7062KS 触摸屏是通过 USB2 口与个人计算机连接的。其连接示意图如图 4-28 所示。

图 4-28 TPC7062KS 触摸屏与计算机连接示意图

当需要在 MCGS 组态软件上把资料下载到 HMI 时，点击图标 或工具栏的下载配置，选择"连机运行"，单击"工程下载"即可进行下载，如图 4-29 所示。

（3）TPC7062KS 触摸屏与 FX 系列 PLC 的连接 在 YL-335B 的出厂配置中，触摸屏通

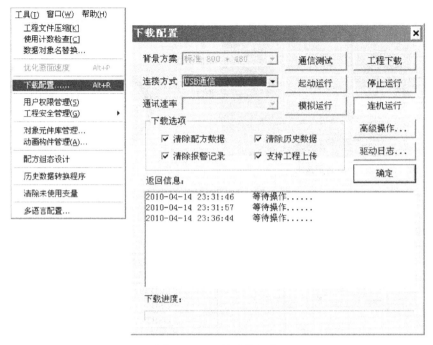

图4-29 工程下载方法

过串口直接与 PLC 的编程口连接。所使用的通信线带有 RS232/RS422 转换器。为了实现正常通信，除了正确进行硬件连接外，还需要对触摸屏的串口0属性进行设置，这将在设备窗口组态中实现，设置方法将在下面的工作任务中详细说明。

（二）组态的设计与实现

为了进一步说明人机界面组态的具体方法和步骤，下面简要说明利用组态软件制作简单起保停的监控画面，并能实现控制三菱 FX 系列的 PLC。

（1）组态的设计

1) 创建新工程，并双击设备窗口，弹出"设备组态"的对话框。右击并弹出下拉菜单，选择"设备工具箱"。然后，选择设备管理下的"通用串口父设备"和"三菱 FX 系列编程口"。如图 4-30 所示。

图4-30 设备组态界面

2) 双击"设备0"，弹出"设备编辑窗口"。在里面可以增加设备通道，简单起保停只需 X000（起动）、X001（停止）、M0（指示灯）即可，如图 4-31 所示。

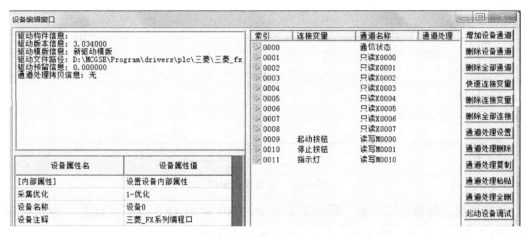

图 4-31　设备编辑窗口

3）创建变量。在实时数据库中单击"新增对象"，并添加相关的变量。同时在前面的设备编辑窗口中，将设备与这些变量想关联起来，如图 4-32 所示。

4）创建新的窗口。在"用户窗口"下单击"新建窗口"然后双击"窗口0"。并在画面中添加两个按钮和指示灯。如图 4-33 所示。

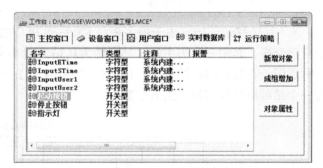

图 4-32　创建变量窗口

5）关联变量。双击起动按钮，在弹出的对话框中选择"操作属性"，并将数据对象值操作打勾，在下拉框中选择"按 1 松 0"，并单击后面的问号，选择"起动按钮"，将它与前面定义的变量关联起来。同样的，将"停止按钮"关联起来。

（2）程序的编写

利用 FX 编程软件编写简单起保停的程序，并写入 PLC。程序如图 4-34 所示。

（3）连接运行

当需要在 MCGS 组态软件上把资料下载到 PLC 时，只要在下载配置里单击"工程下载"即可进行下载。下载完成后，单击"起动运行"便可进入 MCGS 模拟运行环境，点击"起动按

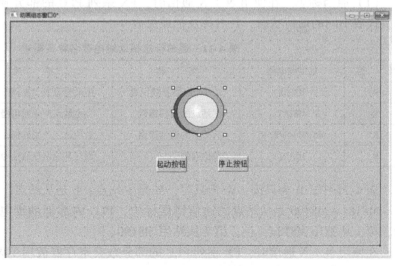

图 4-33　动画组态窗口

图 4-34 起保停梯形图

钮",监控画面上的指示灯点亮,同时 PLC 上的 Y001 输出 LED 点亮。点击"停止按钮",监控画面上的指示灯灭,同时 PLC 上的 Y001 输出 LED 灭。

(三) PLC 的 N∶N 通信

N∶N 链接通信协议用于最多 8 台 FX 系列 PLC 的辅助继电器和数据寄存器之间的数据的自动交换,其中一台为主站,其余的为从站。图 4-35 所示为 PLC 与 PLC 之间的 N∶N 通信示意图,在被链接的站点中,位元件(0~64 点)和字元件(4~8 点)可以被自动连接,每一个站可以监控其他站的共享数据。

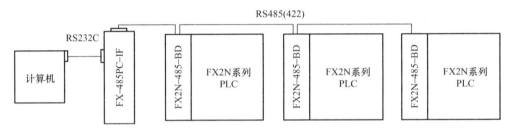

图 4-35 PLC 与 PLC 之间的 N∶N 通信

(1)通信标志 在使用 N∶N 通信时,FX 系列 PLC 的部分辅助继电器被用作通信标志,代表不同的通信状态,其名称及描述见表 4-11。

表 4-11 通信标志辅助继电器名称及描述

特 性	辅助继电器	名 称	描 述	响应类型
R	M8038	N∶N 网络参数设置	用来设置 N∶N 网络参数	M,L
R	M8183	主站点的通信错误	当主站点产生通信错误时 ON	M
R	M8184~M8190	从站点的通信错误	当从站点产生通信错误时 ON	M,L
R	M8191	数据通信	当与其他站点通信 ON	M,L

表 4-11 中,R 为只读;W 为只写;M 是主站点;L 是从站点。

M8184~M8190 是从站点的通信错误标志,PLC 内部辅助继电器与从站号是一一对应的,第 1 从站用 M8184,…,第 7 从站用 M8190。

在使用 N∶N 通信时,FX 系列 PLC 的部分数据寄存器被用于设置通信参数和存储错误代码,其名称及描述见表 4-12。

网络控制技术在自动化生产线中的应用

表 4-12 通信标志数据寄存器名称及描述

特性	数据寄存器	名称	描述	响应类型
R	D8173	站点号	存储它自己的站点号	M, L
R	D8174	从站点总数	存储从站点的总数	M, L
R	D8175	刷新范围	存储刷新范围	M, L
W	D8176	站点号设置	设置它自己的站点号	M, L
W	D8177	从站点总数设置	设置从站点总数	M
W	D8178	刷新范围设置	设置刷新范围模式号	M
W/R	D8179	重试次数设置	设置重试次数	M
W/R	D8180	通信超时设置	设置通信超时	M
R	D8201	当前网络扫描时间	存储当前网络扫描时间	M, L
R	D8202	最大网络扫描时间	存储最大网络扫描时间	M, L
R	D8203	主站点通信错误数目	存储主站点通信错误数目	L
R	D8204 ~ D8210	从站点通信错误数目	存储从站点通信错误数目	M, L
R	D8211	主站点通信错误代码	存储主站点通信错误代码	L
R	D8201 ~ D8218	从站点通信错误代码	存储从站点通信错误代码	M, L

表 4-12 中，D8176 用于设置站点号，0 为主站，1~7 为从站；D8177 为设定从站点总数数据寄存器，当 D8177 = 7 时，为 7 个从站点，当不设定时，默认值为 7。设置 D8178 的值为 0~2，对应模式 0~2（默认 0）；D8179 用于在主站中设置重试次数 0~10（默认 3）；D8180 设置通信超时的时间 50~2550ms，对应设置 5~255（默认 5）。

在 CPU 错误或程序错误或停止状态下，对其自身站点处产生的通信错误数目不能计数。D8204~D8210 是从站点的通信错误数目，第 1 从站用 D8204，…，第 7 从站用 D8210。

（2）软元件分配 在使用 N：N 通信时，FX 系列 PLC 的部分辅助继电器和部分数据寄存器被用于存放本站的信息，其他站可以在 N：N 网络上读取这些信息，从而实现信息的交换，表 4-13 为其辅助继电器和数据寄存器的分配表。

表 4-13 软元件的分配

站号		模式 0		模式 1		模式 2	
		位软元件（M）	字软元件（D）	位软元件（M）	字软元件（D）	位软元件（M）	字软元件（D）
		0 点	各站 4 点	各站 32 点	各站 4 点	各站 64 点	各站 8 点
主站	0	—	D0 ~ D3	M1000 ~ M1031	D0 ~ D3	M1000 ~ M1063	D0 ~ D7
从站	1	—	D10 ~ D13	M1064 ~ M1095	D10 ~ D13	M1064 ~ M1127	D10 ~ D17
	2	—	D20 ~ D23	M1128 ~ M1159	D20 ~ D23	M1128 ~ M1191	D20 ~ D27
	3	—	D30 ~ D33	M1192 ~ M1223	D30 ~ D33	M1192 ~ M1255	D30 ~ D37
	4	—	D40 ~ D43	M1256 ~ M1287	D40 ~ D43	M1256 ~ M1319	D40 ~ D47
	5	—	D50 ~ D53	M1320 ~ M1351	D50 ~ D53	M1320 ~ M1383	D50 ~ D57
	6	—	D60 ~ D63	M1384 ~ M1415	D60 ~ D63	M1384 ~ M1447	D60 ~ D67
	7	—	D70 ~ D73	M1448 ~ M1479	D70 ~ D73	M1448 ~ M1511	D70 ~ D77

模式 2 时，主站内的 M1000~M1063 的状态随时可以被从站读取，即从站（1#~7#）通过这些 M 的触点状态就可以知道主站内相应线圈的状态，同样，1# 从站内的 M1064~

M1127 的状态也可以被主站和其他从站（2#~7#）读取，即主站和其他从站（2#~7#）通过这些线圈的触点就可以知道 1#从站内相应线圈的状态。另外，主站中数据寄存器 D0~D7 中的数据可以被从站（1#~7#）读取，1#从站中的数据寄存器 D10~D17 中的数据可以被主站和其他从站（2#~7#）读取。

（3）参数设置程序示例　例如，在进行 N∶N 风络通信时，需要在主站设置站号（0）、从站总数（4）、刷新范围（1）、重试次数（3）和通信超时（60）ms 等参数，为了确保参数设置为 N∶N 通信参数，通信参数设置程序必须从第 0 步开始编写，其程序如图 4-36 所示。

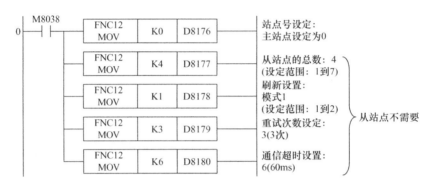

图 4-36　主站参数设置程序

三、任务计划

（一）PLC 的接线

主站装置 PLC 选用三菱 FX_{1N}-40MT 主单元，从站装置 PLC 选用三菱 FX_{2N}-32MR 主单元，根据工作任务的要求，主站和从站的 PLC I/O 信号分配这里不再重复，请参考前面任务。主站与从站采用 RS485BD 板，通过 N∶N 网络进行通信，触摸屏通过 COM 口直接与主站 PLC 的编程口连接，其连接简图如图 4-37 所示。

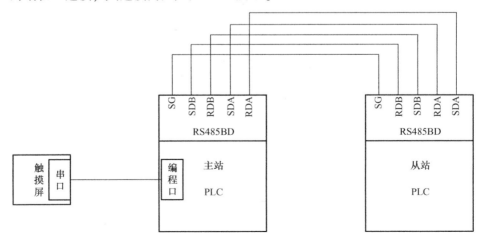

图 4-37　系统连接简图

(二) 系统组态设计

(1) 组态画面的设计 在 TPC7062KS 人机界面上组态画面,用户窗口包括安装测试界面、系统运行界面和安装测试完成三个窗口,如图 4-38、图 4-39 和图 4-40 所示。

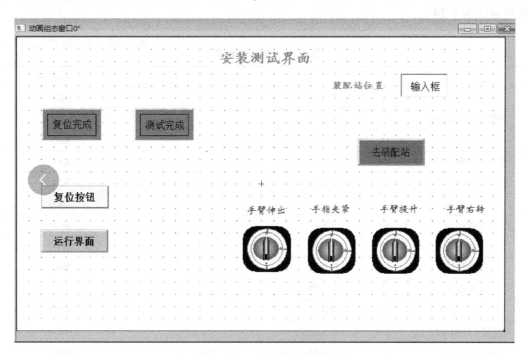

图 4-38 安装测试界面

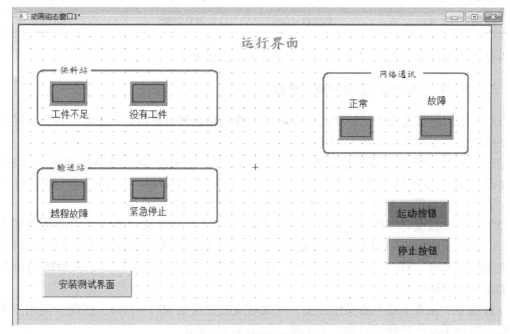

图 4-39 系统运行界面

（2）实时数据库的建立及组态链接　单击工作台中的"实时数据库"选项卡，进入"实时数据库"窗口页，窗口中列出了系统已有变量"数据对象"的名称，其中一部分为系统内部建立的数据对象。将表中定义的数据对象添加进去，需添加的数据变量见表4-14。

图4-40　安装测试完成窗口

表4-14　数据变量表

变量名称	类型	注释	对应连接
复位完成指示灯	开关型		M100
测试完成指示灯	开关型		M101
复位按钮	开关型		M80
装配单元测试按钮	开关型		M85
手臂伸出	开关型		M81
手指夹紧	开关型		M82
手臂提升	开关型		M83
手臂右转	开关型		M84
起动按钮	开关型		M86
停止按钮	开关型		M87
工件不足指示灯	开关型		M103
没有工件指示灯	开关型		M104
网络正常指示灯	开关型	M102 = 1	M102
网络故障指示灯	开关型	M102 = 0	M102
装配单元位置脉冲	数值型	32位数值型	D0

再将新定义的各个数据变量与对应的图元建立数据连接。

(三) 主站和从站PLC控制的编程思路

PLC上电后应首先进入初始状态检查阶段，首先检查网络通信是否正常，各工作站是否处于初始状态。参考程序如图4-41所示。

输送单元PLC程序应首先检查网络通信是否正常，M8183是主站点的通信错误标志，M8184是从站1的通信错误标志，当主站通信正常时，M8183为OFF，常闭触点闭合，M102为ON，在触摸屏上的网络正常指示灯点亮，如图4-42所示。

当工件不足或没有工件时，从站（供料单元）通过M1065或M1066将信号传送回主站（输送单元），M103或M104闪烁，触摸屏上对应的工件不足指示灯或没有工件指示灯闪烁；当出现越程故障时，X001或X002为ON，M105闪烁，触摸屏上对应的越程故障指示灯闪烁，如图4-43所示。

在触摸屏上设置了适当的操作开关，与之对应的变量是M81～M84，操作开关用于单步控制抓取机械手动作以便抓取和放下工件，如图4-44所示。

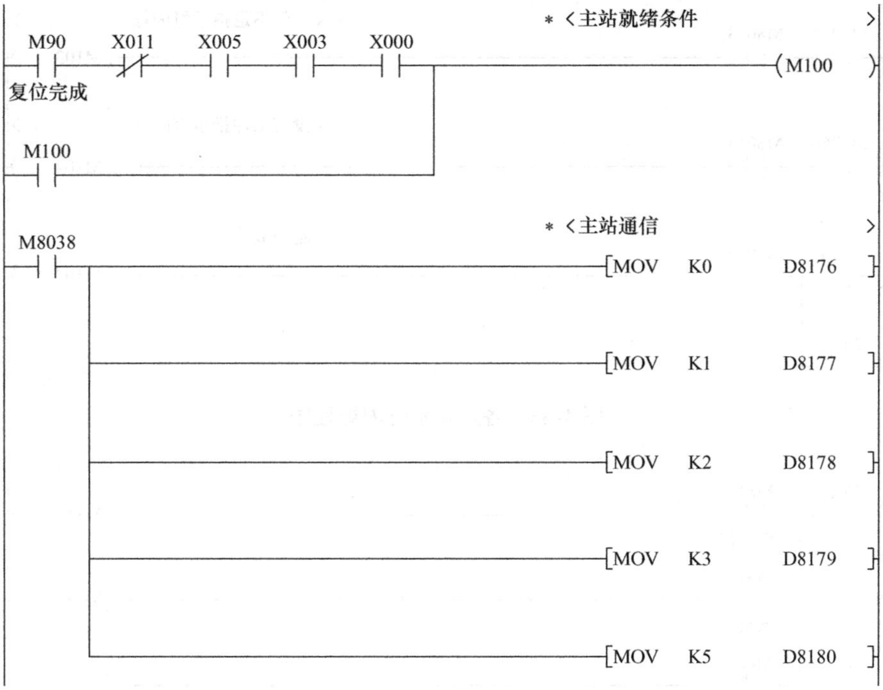

网络控制技术在自动化生产线中的应用

```
    M90   X011  X005  X003  X000                * <主站就绪条件
    ├─┤ ├─/─┤ ├─┤ ├─┤ ├─┤ ├─┬──────────────────────────────(M100)
    复位完成                │
    M100                     │
    ├─┤ ├───────────────────┘

    M8038                                        * <主站通信
    ├─┤ ├──┬───────────────────────────[MOV  K0   D8176]
           │
           ├───────────────────────────[MOV  K1   D8177]
           │
           ├───────────────────────────[MOV  K2   D8178]
           │
           ├───────────────────────────[MOV  K3   D8179]
           │
           └───────────────────────────[MOV  K5   D8180]
```

a) 主站梯形图

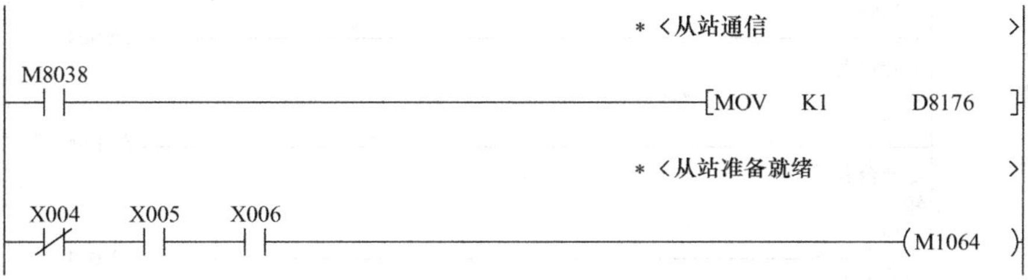

```
                                                 * <从站通信
    M8038
    ├─┤ ├──────────────────────────────[MOV  K1   D8176]

                                                 * <从站准备就绪
    X004  X005  X006
    ├─/─┤ ├─┤ ├─┤ ├────────────────────────────(M1064)
```

b) 从站梯形图

图 4-41 系统准备就绪梯形图

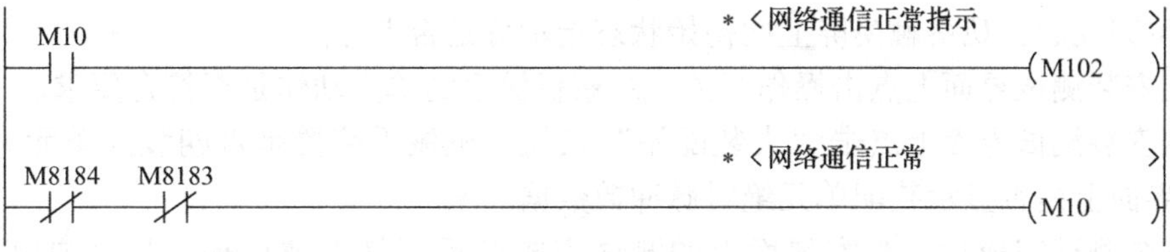

```
                                                 * <网络通信正常指示
    M10
    ├─┤ ├──────────────────────────────────────(M102)

                                                 * <网络通信正常
    M8184  M8183
    ├─/─┤ ├─/─┤ ├─────────────────────────────(M10)
```

图 4-42 网络通信正常程序

五、任务实施

机械本体、传感器的安装，电路与气路的连接这里不再重复。程序的编制和调试，请参照前面所述的思路自行完成。

调试步骤如下：

1）在安装测试界面上点击复位按钮，观察主站是否执行复位操作，机械手装置是否回

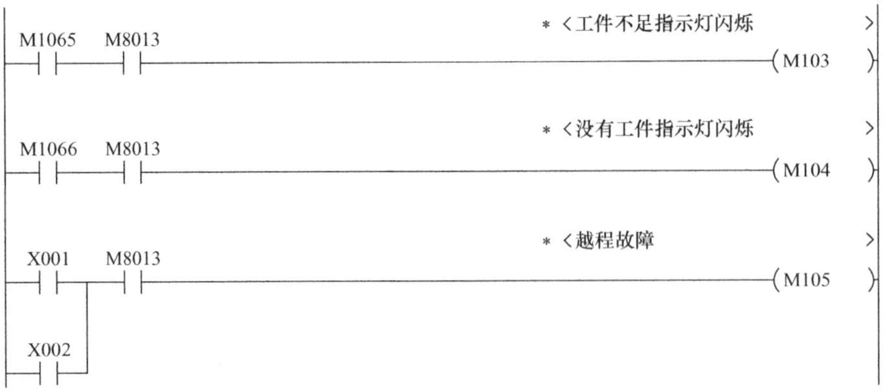

图 4-43 各类指示灯闪烁程序

图 4-44 机械手单步动作程序

原点，复位完成后，观察触摸屏上的初始状态指示灯是否点亮。

2）在安装测试界面上点击操作开关，观察机械手的单步动作是否符合要求。

3）在安装测试界面上点击"去装配站"按钮，机械手装置是否朝装配单元方向运行，安装测试界面上是否显示装配单元绝对脉冲数数据。

4）安装测试完成后，观察界面上的测试完成指示灯是否被点亮，是否弹出相应提示框，触摸提示框内"确定"按钮，提示框是否消失。

5）点击安装测试界面上的"运行界面"按钮，是否切换到运行界面窗口。

6）在运行界面窗口内查看网络通信状况，界面内对应的指示灯是否符合任务要求；当供料单元料不足或缺料时，界面内对应的指示灯是否符合任务要求；手动压合左右极限位开关，观察界面内越程故障灯是否点亮。

7）系统启动后，观察各站运行是否符合要求，停止运行指令发出后，观察各站运行及警示灯是否符合任务要求。

8）当出现预报警信号或报警信号时，警示灯是否符合任务要求。

六、任务思考与评价

（一）任务思考

1) 主令起动停止信号除了来自触摸屏，也可来自主站，程序如何修改？
2) 编程：当送至装配单元工件数满 5 个时，系统停止工作。
3) 编程：加入装配单元为从站 2，当主站将工件输送至装配单元后，装配单元进行装配动作，完成装配后，人工取走已装配完成工件，系统完成一个工作周期，供料单元才开始推出下一工件。

（二）任务评价

评价表		编号：12					
项目四 任务三	嵌入式组态 TPC + 三菱 FX 系列 PLC 的通信与控制			总学时：12			
团队负责人		团队成员					
评价项目		评定标准	自评	互评1	互评2	互评3	教师	团队
专业能力 (50分)	机械安装、气路连接及工艺 (10分) I/O 电气安装 (10分)	机械装配完整、安装定位符合要求；气路连接符合规范；I/O 端口进出线长度、颜色合理，工艺符合规范。 □优(20) □良(16) □中(14) □差(10)						
	N∶N 网络设置 (2分)、组态软件的使用 (8分)、系统程序的编制 (10分)	程序正确合理，使用方法正确规范。 (20) □良(16) □中(14) □差(10)						
	功能检测调试 (10分)	调试方法正确，工具仪器使用得当。 □优(10) □良(8) □中(6) □差(4)						
方法能力 (30分)	独立学习的能力	能够独立学习新知识和新技能，完成工作任务。 □优(10) □良(8) □中(6) □差(4)						
	分析并解决问题的能力	独立解决工作中出现的各种问题，顺利完成工作任务。 □优(10) □良(8) □中(6) □差(4)						
	获取信息能力	通过网络、书籍、技术手册等获取信息，整理资料，获取所需知识。 □优(10) □良(8) □中(6) □差(4)						
社会能力 (20分)	团队协作和沟通能力	团队成员之间相互沟通与协商，具备良好的群体意识，通力合作，圆满完成工作任务。 □优(10) □良(8) □中(6) □差(4)						
	工作责任心与职业道德	具备良好的工作责任心、群体意识和职业道德。注意劳动安全。 □优(10) □良(8) □中(6) □差(4)						
小计								
总分 （总分 = 自评×15% + 互评×15% + 教师×30% + 团队×40%）								
评价教师		日期						
学生确认		日期						

附 录

附录 A　THJDQG-1 型自动化生产线 PLC I/O 分配

序号	PLC 地址	名称及功能说明	接到实训台上的号码	序号	PLC 地址	名称及功能说明	接到实训台上的号码
1	X000	编码器 A 相脉冲输出	69	1	Y000	步进电动机驱动器 PUL+	9（PUL）
2	X001	编码器 B 相脉冲输出	70	2	Y001	步进电动机驱动器 DIR+	7（DIR）
3	X002	起动按钮		3	Y002	上料气缸电磁阀	15（YV1）
4	X003	停止按钮		4	Y003	旋转气缸电磁阀	17（YV2）
5	X004	复位按钮		5	Y004	升降气缸电磁阀	19（YV3）
6	X005	上料检测光电传感器输出	55（SB1）	6	Y005	气动手爪电磁阀	21（YV4）
7	X006	右基准限位开关	65	7	Y006	推料气缸电磁阀	23（YV5）
8	X007	电容传感器输出	58（SB2）	8	Y007	起动灯	26
9	X010	电感传感器输出	61（SB3）	9	Y010	停止灯	27
10	X011	色标传感器输出	64（SB4）	10	Y011	复位灯	25
11	X012	升降气缸伸出到位传感器正端	45（3B2）	11	Y014	变频器 STR 和 RM	
12	X013	升降气缸下降到位传感器正端	43（3B1）	12			
13	X014	旋转气缸逆时针到位传感器正端	39（2B1）	13			
14	X015	旋转气缸顺时针到位传感器正端	41（2B2）	14			
15	X016	上料气缸原位传感器	35（1B1）				
16	X017	上料气缸伸出传感器	37（1B2）				
17	X020	分拣气缸原位传感器	49（5B1）				
18	X021	分拣气缸伸出传感器	51（5B2）				
19	X022	气动手爪夹紧限位传感器	47（4B1）				

实训台上的号码：3，10，14，16，18，20，22，24，53，56，59，62，67 接 +24V；2，36，38，40，42，44，46，48，50，52，54，57，60，63，66，68 接 0V；1 接 13；11 接 12；4 接 6；5 接 8；PLC 输出端 COM1，COM2，COM3 接 0V；COM4 接变频器的 SD。

注：PLC 模块上的 0V 接按钮模块的 0V。

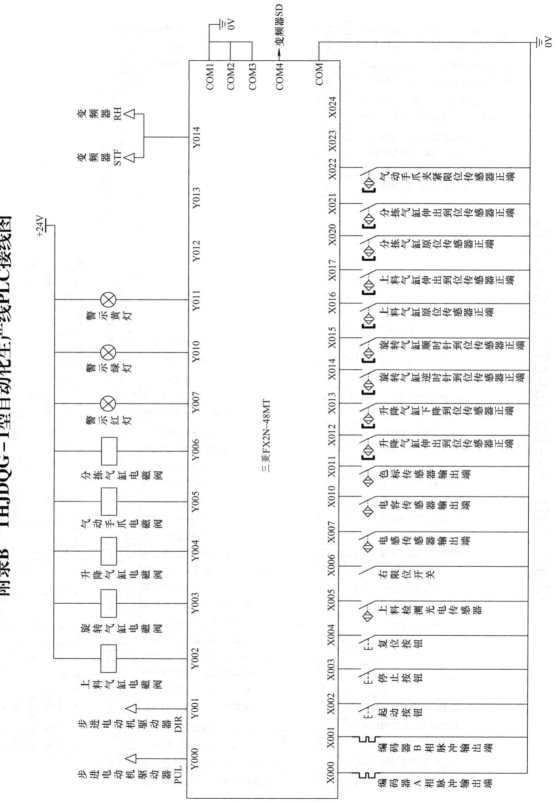

附录B THJDQG-1型自动化生产线PLC接线图

附录C THJDQG-1型自动化生产线实训台号码

端子号	标识	名称
1	DY	步进驱动器+V
2		步进驱动器GND
3		步进电动机信号公共端
4		步进电动机驱动器DIR
5		步进电动机驱动器PUL
6	1R1	电阻
7	1R2	电阻
8	2R1	电阻
9	2R2	电阻
10	JXZ	左极限位开关
11	JXZ	左极限位开关
12	JXY	右极限位开关
13	JXY	右极限位开关
14	YV1	上料气缸电磁阀负端
15	YV1	上料气缸电磁阀正端
16	YV2	旋转气缸电磁阀负端
17	YV2	旋转气缸电磁阀正端
18	YV3	升降气缸电磁阀负端
19	YV3	升降气缸电磁阀正端
20	YV4	气动手爪电磁阀负端
21	YV4	气动手爪电磁阀正端
22	YV5	推料气缸电磁阀负端
23	YV5	推料气缸电磁阀正端
24		警示灯公共端 LN
25		警示黄灯 LY
26		警示绿灯 LG
27		警示红灯 LR
28–33		(备用)
34	1B1	上料气缸原位传感器负端
35	1B1	上料气缸原位传感器正端
36	1B2	上料气缸伸出传感器负端
37	1B2	上料气缸伸出传感器正端
38	2B1	旋转气缸逆时针到位传感器负端
39	2B1	旋转气缸逆时针到位传感器正端
40	2B2	旋转气缸顺时针到位传感器负端
41	2B2	旋转气缸顺时针到位传感器正端
42	3B1	升降气缸下降到位传感器负端
43	3B1	升降气缸下降到位传感器正端
44	3B1	升降气缸下降到位传感器负端
45	3B2	升降气缸伸出到位传感器正端
46	3B2	升降气缸伸出到位传感器负端
47	4B2	手爪气缸夹紧限位传感器正端
48	4B2	手爪气缸夹紧限位传感器负端
49	5B1	推料气缸原位传感器正端
50	5B1	推料气缸原位传感器负端
51	5B2	推料气缸到位传感器正端
52	5B2	推料气缸到位传感器负端
53	SB1	上料检测光电传感器正端
54	SB1	上料检测光电传感器信号输出端
55	SB1	上料检测光电传感器负端
56	SB2	电容传感器正端
57	SB2	电容传感器信号输出端
58	SB2	电容传感器负端
59	SB3	电感传感器正端
60	SB3	电感传感器信号输出端
61	SB3	电感传感器负端
62	SB4	色标传感器正端
63	SB4	色标传感器信号输出端
64	SB4	色标传感器负端
65	SB5	右基准限位开关输出端
66	SB5	右基准限位开关负端
67		编码器正端
68		编码器负端
69		编码器A相输出
70		编码器B相输出
71–77		(备用)
78		"PLC"输出
79		"PLC"输出
80		"PLC"输出
81		"PLC"输出
82		"PLC"输入端
83		"PLC"输入端
84		"PLC"输入端
85		"PLC"输入端
86		变频器U
87		变频器V
88		变频器W

注：
1. 光电传感器引出线：棕色表示"+"，接"+24V"，蓝色表示"−"，接"0V"，黑色表示"输出"，接"PLC"输入端。
2. 电容传感器引出线：棕色表示"+"，接"+24V"，蓝色表示"−"，接"0V"，黑色表示"输出"，接"PLC"输入端。
3. 电感传感器引出线：棕色表示"+"，接"+24V"，蓝色表示"−"，接"0V"，黑色表示"输出"，接"PLC"输入端。
4. 色标传感器引出线：棕色表示"+"，接"+24V"，蓝色表示"−"，接"0V"，黑色表示"输出"，接"PLC"输入端。
5. 磁性传感器引出线：蓝色表示"−"，接"0V"，棕色表示"+"，接"PLC输出端"。
6. 电磁阀引出线：蓝色表示"−"，接"PLC输出端"，棕色表示"+"，接"+24V"。

附录D FR-E700系列三菱变频器参数一览表

功能	参数	名称	设定范围	最小设定单位	初始值
基本功能	◎ 0	转矩提升	0~30%	0.1%	6/4/3/2/1%[3]
	◎ 1	上限频率	0~120Hz	0.01Hz	120/60Hz[3]
	◎ 2	下限频率	0~120Hz	0.01Hz	0Hz
	◎ 3	基准频率	0~400Hz	0.01Hz	50Hz
	◎ 4	多段速设定（高速）	0~400Hz	0.01Hz	50Hz
	◎ 5	多段速设定（中速）	0~400Hz	0.01Hz	30Hz
	◎ 6	多段速设定（低速）	0~400Hz	0.01Hz	10Hz
	◎ 7	加速时间	0~3600/360s	0.1/0.01s	5/15s[3]
	◎ 8	减速时间	0~3600/360s	0.1/0.01s	5/15s[3]
	◎ 9	电子过电流保护	0~500/0~3600A[3]	0.01/0.1A	变频器额定电流
直流制动	10	直流制动动作频率	0~120Hz, 9999	0.01Hz	3Hz
	11	直流制动动作时间	0~10s, 8888	0.1s	0.5s
	12	直流制动动作电压	0~30%	0.1%	4/2/1%[3]
—	13	起动频率	0~60Hz	0.01Hz	0.5Hz
—	14	适用负载选择	0~5	1	0
JOG运行	15	点动频率	0~400Hz	0.01Hz	5Hz
	16	点动加减速时间	0~3600/360s	0.1/0.01s	0.5s
—	17	MRS输入选择	0, 2, 4	1	0
—	18	高速上限频率	120~400Hz	0.01Hz	120/60Hz[3]
—	19	基准频率电压	0~1000V, 8888, 9999	0.1V	9999
加减速时间	20	加减速基准频率	1~400Hz	0.01Hz	50Hz
	21	加减速时间单位	0, 1	1	0
防止失速	22	失速防止动作水平（转矩限制水平）	0~400%	0.1%	150%
	23	倍速时失速防止动作水平补偿系数	0~200%, 9999	0.1%	9999
多段速度设定	24~27	多段速设定（4速~7速）	0~400Hz, 9999	0.01Hz	9999
—	28	多段速输入补偿选择	0, 1	1	0
—	29	加减速曲线选择	0~5	1	0
—	30	再生制动功能选择	0, 1, 2, 10, 11, 12, 20, 21	1	0

（续）

功能	参数	名称	设定范围	最小设定单位	初始值
频率跳变	31	频率跳变1A	0~400Hz, 9999	0.01Hz	9999
	32	频率跳变1B	0~400Hz, 9999	0.01Hz	9999
	33	频率跳变2A	0~400Hz, 9999	0.01Hz	9999
	34	频率跳变2B	0~400Hz, 9999	0.01Hz	9999
	35	频率跳变3A	0~400Hz, 9999	0.01Hz	9999
	36	频率跳变3B	0~400Hz, 9999	0.01Hz	9999
—	37	转速显示	0, 1~9998	1	0
频率检测	41	频率到达动作范围	0~100%	0.1%	10%
	42	输出频率检测	0~400Hz	0.01Hz	6Hz
	43	反转时输出频率检测	0~400Hz, 9999	0.01Hz	9999
第2功能	44	第2加减速时间	0~3600/360s	0.1/0.01s	5s
	45	第2减速时间	0~3600/360s, 9999	0.1/0.01s	9999
	46	第2转矩提升	0~30%, 9999	0.1%	9999
	47	第2V/F（基准频率）	0~400Hz, 9999	0.01Hz	9999
	48	第2失速防止动作水平	0~220%	0.1%	150%
	49	第2失速防止动作频率	0~400Hz, 9999	0.01Hz	0Hz
	50	第2输出频率检测	0~400Hz	0.01Hz	30Hz
	51	第2电子过电流保护	0~500A, 9999/0~3600A, 9999[3]	0.01/0.1A[3]	9999
监视器功能	52	DU/PU主显示数据选择	0, 5~14, 17~20, 22~25, 32~35, 50~57, 71, 72, 100	1	0
	54	FM端子功能选择	1~3, 5~14, 17, 18, 21, 24, 32~34, 50, 52, 53, 70	1	1
	55	频率监视基准	0~400Hz	0.01Hz	50Hz
	56	电流监视基准	0~500/0~3600A[3]	0.01/0.1A[3]	变频器额定电流
再起动	57	再起动自由运行时间	0, 0.1~5s, 9999/0, 0.1~30s, 9999[3]	0.1s	9999
	58	再起动上升时间	0~60s	0.1s	1s
—	59	遥控功能选择	0, 1, 2, 3	1	0
—	60	节能控制选择	0, 4	1	0
自动加减速	61	基准电流	0~500A, 9999/0~3600A, 9999[3]	0.01/0.1A[3]	9999
	62	加速时基准值	0~220%, 9999	0.1%	9999
	63	减速时基准值	0~220%, 9999	0.1%	9999
	64	升降机模式起动频率	0~10Hz, 9999	0.01Hz	9999

（续）

功能	参数	名称	设定范围	最小设定单位	初始值
—	65	再试选择	0～5	1	0
—	66	失速防止动作水平降低开始频率	0～400Hz	0.01Hz	50Hz
再试	67	报警发生时再试次数	0～10, 101～110	1	0
再试	68	再试等待时间	0～10s	0.1s	1s
再试	69	再试次数显示和消除	0	1	0
—	70	特殊再生制动使用率	0～30%/0～10%[3]	0.1%	0%
—	71	适用电动机	0～8, 13～18, 20, 23, 24, 30, 33, 34, 40, 43, 44, 50, 53, 54	1	0
—	72	PWM频率选择	0～15/0～6, 25[3]	1	2
—	73	模拟量输入选择	0～7, 10～17	1	1
—	74	输入滤波时间常数	0～8	1	1
—	75	复位选择/PU脱离检测/PU停止选择	0～3, 14～17	1	14
—	76	报警代码选择输出	0, 1, 2	1	0
—	77	参数写入选择	0, 1, 2	1	0
—	78	反转防止选择	0, 1, 2	1	0
—	◎79	运行模式选择	0, 1, 2, 3, 4, 6, 7	1	0
电动机常数	80	电动机容量	0.4～55kW, 9999/0～3600kW, 9999[3]	0.01/0.1kW[3]	9999
电动机常数	81	电动机极数	2, 4, 6, 8, 10, 12, 14, 16, 18, 20, 112, 122, 9999	1	9999
电动机常数	82	电动机励磁电流	0～500A, 9999/0～3600A, 9999[3]	0.01/0.1A[3]	9999
电动机常数	83	电动机额定电压	0～1000V	0.1V	200/400V[1]
电动机常数	84	电动机额定频率	10～120Hz	0.01Hz	50Hz
电动机常数	89	速度控制增益（磁通矢量）	0～200%, 9999	0.1%	9999
电动机常数	90	电动机常数（R1）	0～50Ω, 9999/0～400mΩ, 9999[3]	0.001Ω/0.01mΩ[3]	9999
电动机常数	91	电动机常数（R2）	0～50Ω, 9999/0～400mΩ, 9999[3]	0.001Ω/0.01mΩ[3]	9999
电动机常数	92	电动机常数（L1）	0～50Ω（0～1000mH）, 9999/0～3600mΩ（0～400mH）, 9999[3]	0.001Ω(0.1mH)/0.01mΩ(0.01mH)[3]	9999
电动机常数	93	电动机常数（L2）	0～50Ω（0～1000mH）, 9999/0～3600mΩ（0～400mH）, 9999[3]	0.001Ω(0.1mH)/0.01mΩ(0.01mH)[3]	9999

（续）

功能	参数	名称	设定范围	最小设定单位	初始值
电动机常数	94	电动机常数（X）	0~500Ω（0~100%），9999/ 0~100Ω（0~100%），9999③	0.01Ω（0.1%）/ 0.01Ω（0.01%）③	9999
	95	在线自动调谐选择	0~2	1	0
	96	自动调谐设定/状态	0，1，101	1	0
V/F5点可调整	100	V/F1（第1频率）	0~400Hz，9999	0.01Hz	9999
	101	V/F1（第1频率电压）	0~1000V	0.1V	0V
	102	V/F2（第2频率）	0~400Hz，9999	0.01Hz	9999
	103	V/F2（第2频率电压）	0~1000V	0.1V	0V
	104	V/F3（第3频率）	0~400Hz，9999	0.01Hz	9999
	105	V/F3（第3频率电压）	0~1000V	0.1V	0V
	106	V/F4（第4频率）	0~400Hz，9999	0.01Hz	9999
	107	V/F4（第4频率电压）	0~1000V	0.1V	0V
	108	V/F5（第5频率）	0~400Hz，9999	0.01Hz	9999
	109	V/F5（第5频率电压）	0~1000V	0.1V	0V
第3功能	110	第3加减速时间	0~3600/360s，9999	0.1/0.01s	9999
	111	第3减速时间	0~3600/360s，9999	0.1/0.01s	9999
	112	第3转矩提升	0~30%，9999	0.1%	9999
	113	第3V/F（基底频率）	0~400Hz，9999	0.01Hz	9999
	114	第3失速防止动作电流	0~220%	0.1%	150%
	115	第3失速防止动作频率	0~400Hz	0.01Hz	0
	116	第3输出频率检测	0~400Hz	0.01Hz	50Hz
PU接口通信	117	PU通信站号	0~31	1	0
	118	PU通信速率	48，96，192，384	1	192
	119	PU通信停止位长	0，1，10，11	1	1
	120	PU通信奇偶校验	0，1，2	1	2
	121	PU通信再试次数	0~10，9999	1	1
	122	PU通信校验时间间隔	0，0.1~999.8s，9999	0.1s	9999
	123	PU通信等待时间设定	0~150ms，9999	1	9999
	124	PU通信有无CR/LF选择	0，1，2	1	1
—	◎125	端子2频率设定增益频率	0~400Hz	0.01Hz	50Hz
—	◎126	端子4频率设定增益频率	0~400Hz	0.01Hz	50Hz
PID运行	127	PID控制自动切换频率	0~400Hz，9999	0.01Hz	9999
	128	PID动作选择	10，11，20，21，50，51，60，61	1	10
	129	PID比例带	0.1~1000%，9999	0.1%	100%
	130	PID积分时间	0.1~3600s，9999	0.1s	1s

(续)

功能	参数	名称	设定范围	最小设定单位	初始值
PID 运行	131	PID 上限	0~100%, 9999	0.1%	9999
	132	PID 下限	0~100%, 9999	0.1%	9999
	133	PID 动作目标值	0~100%, 9999	0.01%	9999
	134	PID 微分时间	0.01~10.00s, 9999	0.01s	9999
第2功能	135	工频切换顺序输出端子选择	0, 1	1	0
	136	MC 切换互锁时间	0~100s	0.1s	1s
	137	起动等待时间	0~100s	0.1s	0.5s
	138	异常时工频切换选择	0, 1	1	0
	139	变频-工频自动切换频率	0~60Hz, 9999	0.01Hz	9999
监视器功能	140	齿隙补偿加速中断频率	0~400Hz	0.01Hz	1Hz
	141	齿隙补偿加速中断时间	0~360s	0.1s	0.5s
	142	齿隙补偿减速中断频率	0~400Hz	0.01Hz	1Hz
	143	齿隙补偿减速中断时间	0~360s	0.1s	0.5s
—	144	速度设定转换	0, 2, 4, 6, 8, 10, 12, 102, 104, 106, 108, 110, 112	1	4
PU	145	PU 显示语言切换	0~7	1	1
电流检测	148	输入 0V 时的失速防止水平	0~220%	0.1%	150%
	149	输入 10V 时的失速防止水平	0~220%	0.1%	200%
	150	输出电流检测水平	0~220%	0.1%	150%
	151	输出电流检测信号延迟时间	0~10s	0.1s	0s
	152	零电流检测水平	0~220%	0.1%	5%
	153	零电流检测时间	0~1s	0.01s	0.5s
—	154	失速防止动作中的电压降低选择	0, 1	1	1
—	155	RT 信号执行条件选择	0, 10	1	0
—	156	失速防止动作选择	0~31, 100, 101	1	0
—	157	OL 信号输出延时	0~25s, 9999	0.1s	0s
—	158	AM 端子功能选择	1~3, 5~14, 17, 18, 21, 24, 32~34, 50, 52, 53, 70	1	1
—	159	工频-变频自动切换动作范围	0~10Hz, 9999	0.01Hz	9999
—	◎160	用户参数组读取选择	0, 1, 9999	1	0
—	161	频率设定/键盘锁定操作选择	0, 1, 10, 11	1	0
再起动	162	瞬时停电再起动动作选择	0, 1, 2, 10, 11, 12	1	0
	163	再起动第1上升时间	0~20s	0.1s	0s
	164	再起动第1上升电压	0~100%	0.1%	0%
	165	再起动失速防止动作水平	0~220%	0.1%	150%

（续）

功能	参数	名称	设定范围	最小设定单位	初始值
电流检测	166	输出电流检测信号保持时间	0~10s, 9999	0.1s	0.1s
	167	输出电流检测动作选择	0, 1	1	0
—	168	生产厂家设定用参数，请不要设定			
—	169				
监视器功能	170	累计电能表清零	0, 10, 9999	1	9999
	171	实际运行时间清零	0, 9999	1	9999
用户组	172	用户参数组注册数显示/-总括起来删除	9999, (0~16)	1	0
	173	用户参数注册	0~999, 9999	1	9999
	174	用户参数删除	0~999, 9999	1	9999
输入端子的功能分配	178	STF 端子功能选择	0~20, 22~28, 37, 42~44, 60, 62, 64~71, 82, 9999	1	60
	179	STR 端子功能选择	0~20, 22~28, 37, 42~44, 61, 62, 64~71, 82, 9999	1	61
	180	RL 端子功能选择	0~20, 22~28, 37, 42~44, 62, 64~71, 82, 9999	1	0
	181	RM 端子功能选择		1	1
	182	RH 端子功能选择		1	2
	183	RT 端子功能选择		1	3
	184	AU 端子功能选择	0~20, 22~28, 37, 42~44, 62~71, 82, 9999	1	4
	185	JOG 端子功能选择	0~20, 22~28, 37, 42~44, 62, 64~71, 82, 9999	1	5
	186	CS 端子功能选择		1	6
	187	MRS 端子功能选择		1	24
	188	STOP 端子功能选择		1	25
	189	RES 端子功能选择		1	62
输出端子的功能分配	190	RUN 端子功能选择	0~8, 10~20, 25~28, 30~36, 39, 41~47, 64, 70, 84, 85, 90~99, 100~108, 110~116, 120, 125~128, 130~136, 139, 141~147, 164, 170, 184, 185, 190~199, 9999	1	0
	191	SU 端子功能选择		1	1
	192	IPF 端子功能选择		1	2
	193	OL 端子功能选择		1	3
	194	FU 端子功能选择		1	4
	195	ABC1 端子功能选择	0~8, 10~20, 25~28, 30~36, 39, 41~47, 64, 70, 84, 85, 90, 91, 94~99, 100~108, 110~116, 120, 125~128, 130~136, 139, 141~147, 164, 170, 184, 185, 190, 191, 194~199, 9999	1	99
	196	ABC2 端子功能选择		1	9999

（续）

功能	参数	名称	设定范围	最小设定单位	初始值
多段速设定	232~239	多段速设定（8速~15速）	0~400Hz, 9999	0.01Hz	9999
—	240	Soft-PWM动作选择	0, 1	1	1
—	241	模拟输入显示单位切换	0, 1	1	0
—	242	端子1叠加补偿增益（端子2）	0~100%	0.1%	100%
—	243	端子1叠加补偿增益（端子4）	0~100%	0.1%	75%
—	244	冷却风扇的动作选择	0, 1	1	1
转差补偿	245	额定转差	0~50%, 9999	0.01%	9999
转差补偿	246	转差补偿时间常数	0.01~10s	0.01s	0.5s
转差补偿	247	恒功率区域转差补偿选择	0, 9999	1	9999
—	250	停止选择	0~100s, 1000~1100s, 8888, 9999	0.1s	9999
—	251	输出断相保护选择	0, 1	1	1
频率补偿功能	252	比例补偿偏置	0~200%	0.1%	50%
频率补偿功能	253	比例补偿增益	0~200%	0.1%	150%
寿命诊断	255	寿命报警状态显示	(0~15)	1	0
寿命诊断	256	浪涌电流抑制电路寿命显示	(0~100%)	1%	100%
寿命诊断	257	控制电路电容器寿命显示	(0~100%)	1%	100%
寿命诊断	258	主电路电容器寿命显示	(0~100%)	1%	100%
寿命诊断	259	测定主电路电容器寿命	0, 1	1	0
寿命诊断	260	PWM频率自动切换	0, 1	1	1
停电停机	261	停电停止方式选择	0, 1, 2, 11, 12	1	0
停电停机	262	起始减速频率降	0~20Hz	0.01Hz	3Hz
停电停机	263	起始减速频率	0~120Hz, 9999	0.01Hz	50Hz
停电停机	264	停电时减速时间1	0~3600/360s	0.1/0.01s	5s
停电停机	265	停电时减速时间2	0~3600/360s, 9999	0.1/0.01s	9999
停电停机	266	停电时减速时间切换频率	0~400Hz	0.01Hz	50Hz
—	267	端子4输入选择	0, 1, 2	1	0
—	268	监视器小数位数选择	0, 1, 9999	1	9999
—	269	厂家设定用参数，请勿自行设定			
负载转矩高速频率控制	270	挡块定位，负载转矩高速频率控制选择	0, 1, 2, 3	1	0
负载转矩高速频率控制	271	高速设定最上限电流	0~220%	0.1%	50%
负载转矩高速频率控制	272	中速设定最下限电流	0~220%	0.1%	100%
负载转矩高速频率控制	273	电流平均化范围	0~400Hz, 9999	0.01Hz	9999
负载转矩高速频率控制	274	电流平均滤波器时间常数	1~4000	1	16

(续)

功能	参数	名称	设定范围	最小设定单位	初始值
挡块定位控制	275	挡块定位时励磁电流低速倍率	0~1000%, 9999	0.1%	9999
	276	挡块定位时PWM载波频率	0~9, 9999/0~4, 9999③	1	9999
制动开启功能	278	制动开启频率	0~30Hz	0.01Hz	3Hz
	279	制动开启电流	0~220%	0.1%	130%
	280	制动开启电流检测时间	0~2s	0.1s	0.3s
	281	制动操作开始时间	0~5s	0.1s	0.3s
	282	制动操作频率	0~30Hz	0.01Hz	6Hz
	283	制动操作停止时间	0~5s	0.1s	0.3s
	284	减速检测功能选择	0, 1	1	0
	285	超速检测频率（速度偏差过大检测频率）	0~30Hz, 9999	0.01Hz	9999
固定偏差控制	286	固定偏差增益	0~100%	0.1%	0%
	287	固定偏差滤波器时间常数	0~1s	0.01s	0.3s
	288	固定偏差功能动作选择	0, 1, 2, 10, 11	1	0
—	291	脉冲列输入选择	0, 1, 10, 11, 20, 21, 100	1	0
—	292	自动加减速	0, 1, 3, 5~8, 11	1	0
—	293	加速减速个别动作选择模式	0~2	1	0
—	294	UV回避电压增益	0~200%	0.1%	100%
—	299	再起动时的旋转方向检测选择	0、1、9999	1	0
RS485通信	331	RS485通信站号	0~31 (0~247)	1	0
	332	RS485通信速率	3,6,12,24,48,96,192,384	1	96
	333	RS485通信停止位长	0, 1, 10, 11	1	1
	334	RS485通信奇偶校验选择	0, 1, 2	1	2
	335	RS485通信再试次数	0~10, 9999	1	1
	336	RS485通信校验时间间隔	0~999.8s, 9999	0.1s	0s
	337	RS485通信等待时间设定	0~150ms, 9999	1	9999
	338	通信运行指令权	0, 1	1	0
	339	通信速度指令权	0, 1, 2	1	0
	340	通信启动模式选择	0, 1, 2, 10, 12	1	0
	341	RS485通信CR/LF选择	0, 1, 2	1	1
	342	通信EEPROM写入选择	0, 1	1	0
	343	通信错误计数	—	1	0
定向控制	350②	停止位置指令选择	0, 1, 9999	1	9999
	351②	定向速度	0~30Hz	0.01Hz	2Hz
	352②	蠕变速度	0~10Hz	0.01Hz	0.5Hz
	353②	蠕变切换位置	0~16383	1	511

（续）

功能	参数	名称	设定范围	最小设定单位	初始值
定向控制	354②	位置环路切换位置	0~8191	1	96
	355②	直流制动开始位置	0~255	1	5
	356②	内部停止位置指令	0~16383	1	0
	357②	定向完成区域	0~255	1	5
	358②	伺服转矩选择	0~13	1	1
	359②	PLG转动方向	0, 1	1	1
	360②	16位数据选择	0~127	1	0
	361②	移位	0~16383	1	0
	362②	定向位置环路增益	0.1~100	0.1	1
	363②	完成信号输出延迟时间	0~5s	0.1s	0.5s
	364②	PLG停止确认时间	0~5s	0.1s	0.5s
	365②	定向结束时间	0~60s, 9999	1s	9999
	366②	再确认时间	0~5s, 9999	0.1s	9999
PLG反馈	367②	速度反馈范围	0~400Hz, 9999	0.01Hz	9999
	368②	反馈增益	0~100	0.1	1
	369②	PLG脉冲数量	0~4096	1	1024
	374②	过速度检测水平	0~400Hz	0.01Hz	115Hz
	376②	断线检测有无选择	0, 1	1	0
S字加减速C	380	加速时S字1	0~50%	1%	0
	381	减速时S字1	0~50%	1%	0
	382	加速时S字2	0~50%	1%	0
	383	减速时S字2	0~50%	1%	0
脉冲列输入	384	输入脉冲分度倍率	0~250	1	0
	385	输入脉冲零时频率	0~400Hz	0.01Hz	0
	386	输入脉冲最大时频率	0~400Hz	0.01Hz	50Hz
定向控制	393②	定向选择	0, 1, 2	1	0
	396②	定向速度增益（P项）	0~1000	1	60
	397②	定向速度积分时间	0~20s	0.001s	0.333s
	398②	定向速度增益（D项）	0~100	0.1	1
	399②	定向减速率	0~1000	1	20
PLC功能	414	PLC功能操作选择	0, 1	1	0
	415	变频器操作锁定模式设置	0, 1	1	0
	416	预分频功能选择	0~5	1	0
	417	预分频设置值	0~32767	1	1

(续)

功能	参数	名称	设定范围	最小设定单位	初始值
位置控制	419[2]	位置指令权选择	0, 2	1	0
	420[2]	指令脉冲倍率分子	0~32767	1	1
	421[2]	指令脉冲倍率分母	0~32767	1	1
	422[2]	位置环路增益	0~150s^{-1}	1s^{-1}	25s^{-1}
	423[2]	位置前馈增益	0~100%	1%	0
	424[2]	位置指令加减速时间常数	0~50s	0.001s	0s
	425[2]	位置前馈指令滤波器	0~5s	0.001s	0s
	426[2]	定位完成宽度	0~32767脉冲	1脉冲	100脉冲
	427[2]	误差过大水平	0~400K, 9999	1K	40K
	428[2]	指令脉冲选择	0~5	1	0
	429[2]	清零信号选择	0, 1	1	1
	430[2]	脉冲监视器选择	0~5, 9999	1	9999
第2电动机功能	434[2]	第2电动机PLG转动方向	0, 1	1	1
	435[2]	第2电动机PLG脉冲数量	0~4096	1	1024
	436[2]	预励磁选择2	0, 1	1	0
	437[2]	位置环路增益2	0~150s^{-1}	1s^{-1}	25s^{-1}
	440[2]	固定偏差增益2	0~100%	0.1%	0.0%
	441[2]	固定偏差滤波器时间常数2	0.00~1.00s	0.01s	0.30s
	442[2]	固定偏差功能动作选择2	0, 1, 2, 10, 11	1	0
累积脉冲监视器	443[2]	累积脉冲监视器清除信号选择	0, 1	1	0
	444[2]	累积脉冲分度倍率1	1~16384	1	1
	445[2]	累积脉冲分度倍率2	1~16384	1	1
第2电动机常数	450	第2适用电动机	0~8, 13~18, 20, 23, 24, 30, 33, 34, 40, 43, 44, 50, 53, 54, 9999	1	9999
	451	第2电动机控制方法选择	0~2, 10~12, 20, 9999	1	9999
	453	第2电动机容量	0.4~55kW, 9999/ 0~3600kW, 9999[3]	0.01kW/ 0.1kW[3]	9999
	454	第2电动机极数	2, 4, 6, 8, 10, 12, 9999	1	9999
	455	第2电动机励磁电流	0~500A, 9999/ 0~3600A, 9999[3]	0.01/ 0.1A[3]	9999
	456	第2电动机额定电压	0~1000V	0.1V	400V
	457	第2电动机额定频率	10~120Hz	0.01Hz	50Hz
	458	第2电动机常数(R1)	0~50Ω, 9999/ 0~400mΩ, 9999[3]	0.001Ω/ 0.01mΩ[3]	9999
	459	第2电动机常数(R2)	0~50Ω, 9999/ 0~400mΩ, 9999[3]	0.001Ω/ 0.01mΩ[3]	9999

（续）

功能	参数	名称	设定范围	最小设定单位	初始值
第2电动机常数	460	第2电动机常数（L1）	0~50Ω（0~1000mH），9999/ 0~3600mΩ(0~400mH),9999③	0.001Ω (0.1mH)/ 0.01mΩ (0.01mH)③	9999
	461	第2电动机常数（L2）	0~50Ω（0~1000mH），9999/ 0~3600mΩ(0~400mH),9999③	0.001Ω (0.1mH)/ 0.01mΩ (0.01mH)③	9999
	462	第2电动机常数（X）	0~500Ω（0~100%），9999/ 0~100Ω(0~100%),9999③	0.01Ω (0.1%)/ 0.01Ω (0.01%)③	9999
	463	第2电动机自动调整设定/状态	0，1，101	1	0
简易进位功能	464②	数字位置控制急停止减速时间	0~360.0s	0.1s	0
	465②	第1进位量后4位	0~9999	1	0
	466②	第1进位量前4位	0~9999	1	0
	467②	第2进位量后4位	0~9999	1	0
	468②	第2进位量前4位	0~9999	1	0
	469②	第3进位量后4位	0~9999	1	0
	470②	第3进位量前4位	0~9999	1	0
	471②	第4进位量后4位	0~9999	1	0
	472②	第4进位量前4位	0~9999	1	0
	473②	第5进位量后4位	0~9999	1	0
	474②	第5进位量前4位	0~9999	1	0
	475②	第6进位量后4位	0~9999	1	0
	476②	第6进位量前4位	0~9999	1	0
	477②	第7进位量后4位	0~9999	1	0
	478②	第7进位量前4位	0~9999	1	0
	479②	第8进位量后4位	0~9999	1	0
	480②	第8进位量前4位	0~9999	1	0
	481②	第9进位量后4位	0~9999	1	0
	482②	第9进位量前4位	0~9999	1	0
	483②	第10进位量后4位	0~9999	1	0
	484②	第10进位量前4位	0~9999	1	0
	485②	第11进位量后4位	0~9999	1	0
	486②	第11进位量前4位	0~9999	1	0
	487②	第12进位量后4位	0~9999	1	0

(续)

功能	参数	名称	设定范围	最小设定单位	初始值
简易进位功能	488②	第12进位量前4位	0~9999	1	0
	489②	第13进位量后4位	0~9999	1	0
	490②	第13进位量前4位	0~9999	1	0
	491②	第14进位量后4位	0~9999	1	0
	492②	第14进位量前4位	0~9999	1	0
	493②	第15进位量后4位	0~9999	1	0
	494②	第15进位量前4位	0~9999	1	0
远程输出	495	远程输出选择	0,1	1	0
	496	远程输出内容1	0~4095	1	0
	497	远程输出内容2	0~4095	1	0
—	498	PLC功能闪速存储器清除	0~9999	1	0
维护	503	维护定时器	0(1~9998)	1	0
	504	维护定时器报警输出设定时间	0~9998,9999	1	9999
—	505	速度设定基准	1~120Hz	0.01Hz	50Hz
PLC功能	506	用户参数1	0~65535	1	0
	507	用户参数2	0~65535	1	0
	508	用户参数3	0~65535	1	0
	509	用户参数4	0~65535	1	0
	510	用户参数5	0~65535	1	0
	511	用户参数6	0~65535	1	0
	512	用户参数7	0~65535	1	0
	513	用户参数8	0~65535	1	0
	514	用户参数9	0~65535	1	0
	515	用户参数10	0~65535	1	0
S字加减速D	516	加速开始时的S字时间	0.1~2.5s	0.1s	0.1s
	517	加速完成时的S字时间	0.1~2.5s	0.1s	0.1s
	518	减速开始时的S字时间	0.1~2.5s	0.1s	0.1s
	519	减速完成时的S字时间	0.1~2.5s	0.1s	0.1s
—	539	Modbus-RTU通信校验时间间隔	0~999.8s,9999	0.1s	9999
USB	547	USB通信站号	0~31	1	0
	548	USB通信检查时间间隔	0~999.8s,9999	0.1s	9999
通信	549	协议选择	0,1	1	0
	550	网络模式操作权选择	0,1,9999	1	9999
	551	PU模式操作权选择	1,2,3	1	2

附　录

（续）

功能	参数	名称	设定范围	最小设定单位	初始值
电流平均值监视信号	555	电流平均时间	0.1~1.0s	0.1s	1s
	556	数据输出屏蔽时间	0.0~20.0s	0.1s	0s
	557	电流平均值监视信号基准输出电流	0~500/0~3600A[③]	0.01/0.1A[③]	变频器额定电流
—	563	累计通电时间次数	(0~65535)	1	0
—	564	累计运转时间次数	(0~65535)	1	0
第2电动机常数	569	第2电动机速度控制增益	0~200%，9999	0.1%	9999
—	570	多重额定选择	0~3	1	2
—	571	起动时维持时间	0.0~10.0s，9999	0.1s	9999
—	574	第2电动机在线自动调整	0，1，2	1	0
PID控制	575	输出中断检测时间	0~3600s，9999	0.1s	1s
	576	输出中断检测水平	0~400Hz	0.01Hz	0Hz
	577	输出中断解除水平	900~1100%	0.1%	1000%
三角波功能（摆频功能）	592	三角波功能选择	0，1，2	1	0
	593	最大振幅量	0~25%	0.1%	10%
	594	减速时振幅补偿量	0~50%	0.1%	10%
	595	加速时振幅补偿量	0~50%	0.1%	10%
	596	振幅加速时间	0.1~3600s	0.1s	5s
	597	振幅减速时间	0.1~3600s	0.1s	5s
—	598	欠电压电平可变	DC 350~430V，9999	0.1V	9999
—	611	再起动时加速时间	0~3600s，9999	0.1s	5/15s[③]
—	665	再生回避频率增益	0~200%	0.1%	100
—	684	调整数据单位切换	0，1	1	0
—	800	控制方法选择	0~5，9~12，20	1	20
—	802[②]	预备励磁选择	0，1	1	0
转矩指令	803	恒输出区域转矩特性选择	0，1	1	0
	804	转矩指令权选择	0，1，3~6	1	0
	805	转矩指令值（RAM）	600~1400%	1%	1000%
	806	转矩指令值（RAM，EEPROM）	600~1400%	1%	1000%
速度限制	807	速度限制选择	0，1，2	1	0
	808	正转速度限制	0~120Hz	0.01Hz	50Hz
	809	反转速度限制	0~120Hz，9999	0.01Hz	9999
转矩限制	810	转矩限制输入方法选择	0，1	1	0
	811	设定分辨率切换	0，1，10，11	1	0
	812	转矩限制水平（再生）	0~400%，9999	0.1%	9999

(续)

功能	参数	名称	设定范围	最小设定单位	初始值
转矩限制	813	转矩限制水平（第3象限）	0～400%，9999	0.1%	9999
	814	转矩限制水平（第4象限）	0～400%，9999	0.1%	9999
	815	转矩限制水平2	0～400%，9999	0.1%	9999
	816	加速时转矩限制水平	0～400%，9999	0.1%	9999
	817	减速时转矩限制水平	0～400%，9999	0.1%	9999
简单增益调谐	818	简单增益调谐响应性设定	1～15	1	2
	819	简单增益调谐选择	0～2	1	0
调整功能	820	速度控制P增益1	0～1000%	1%	60%
	821	速度控制积分时间1	0～20s	0.001s	0.333s
	822	速度设定滤波器1	0～5s，9999	0.001s	9999
	823[②]	速度检测滤波器1	0～0.1s	0.001s	0.001s
	824	转矩控制P增益1	0～200%	1%	100%
	825	转矩控制积分时间1	0～500ms	0.1ms	5ms
	826	转矩设定滤波器1	0～5s，9999	0.001s	9999
	827	转矩检测滤波器1	0～0.1s	0.001s	0s
	828	模型速度控制增益	0～1000%	1%	60%
	830	速度控制P增益2	0～1000%，9999	1%	9999
	831	速度控制积分时间2	0～20s，9999	0.001s	9999
	832	速度设定滤波器2	0～5s，9999	0.001s	9999
	833[②]	速度检测滤波器2	0～0.1s，9999	0.001s	9999
	834	转矩控制P增益2	0～200%，9999	1%	9999
	835	转矩控制积分时间2	0～500ms，9999	0.1ms	9999
	836	转矩设定滤波器2	0～5s，9999	0.001s	9999
	837	转矩检测滤波器2	0～0.1s，9999	0.001s	9999
转矩偏置	840[②]	转矩偏置选择	0～3，10～13，9999	1	9999
	841[②]	转矩偏置1	600～1400%，9999	1%	9999
	842[②]	转矩偏置2	600～1400%，9999	1%	9999
	843[②]	转矩偏置3	600～1400%，9999	1%	9999
	844[②]	转矩偏置滤波器	0～5s，9999	0.001s	9999
	845[②]	转矩偏置动作时间	0～5s，9999	0.01s	9999
	846[②]	转矩偏置平衡补偿	0～10V，9999	0.1V	9999
	847[②]	下降时转矩偏置端子1偏置	0～400%，9999	1%	9999
	848[②]	下降时转矩偏置端子1增益	0～400%，9999	1%	9999
附加功能	849	模拟输入补偿调整	0～200%	0.1%	100%
	850	制动动作选择	0，1	1	0
	853[②]	速度偏差时间	0～100s	0.1s	1s

附　录

（续）

功能	参数	名称	设定范围	最小设定单位	初始值
附加功能	854	励磁率	0~100%	1%	100%
	858	端子4功能分配	0, 1, 4, 9999	1	0
	859	转矩电流	0~500A, 9999/0~3600A, 9999[3]	0.01/0.1A	9999
	860	第2电动机转矩电流	0~500A, 9999/0~3600A, 9999[3]	0.01/0.1A	9999
	862	陷波滤波器时间常数	0~60	1	0
	863	陷波滤波器深度	0, 1, 2, 3	1	0
	864	转矩检测	0~400%	0.1%	150%
	865	低速度检测	0~400Hz	0.01Hz	1.5Hz
表示功能	866	转矩监视器基准	0~400%	0.1%	150%
—	867	AM输出滤波器	0~5s	0.01s	0.01s
—	868	端子1功能分配	0~6, 9999	1	0
保护功能	872	输入断相保护选择	0, 1	1	0
	873[2]	速度限制	0~120Hz	0.01Hz	20Hz
	874	OLT水平设定	0~200%	0.1%	150%
	875	故障定义	0, 1	1	0
控制系统功能	877	速度前馈控制，模型适应速度控制选择	0, 1, 2	1	0
	878	速度前馈滤波器	0~1s	0.01s	0s
	879	速度前馈转矩限制	0~400%	0.1%	150%
	880	负荷惯性比	0~200倍	0.1	7
	881	速度前馈增益	0~1000%	1%	0%
再生制动避免功能	882	再生回避动作选择	0, 1, 2	1	0
	883	再生回避动作水平	300~800V	0.1V	DC 760V
	884	减速时母线电压检测敏感度	0~5	1	0
	885	再生回避补偿频率限制值	0~10Hz, 9999	0.01Hz	6Hz
	886	再生回避电压增益	0~200%	0.1%	100%
自由参数	888	自由参数1	0~9999	1	9999
	889	自由参数2	0~9999	1	9999
节能监视器	891	累计电量监视位切换次数	0~4, 9999	1	9999
	892	负载率	30%~150%	0.1%	100%
	893	节能监视器基准（电动机容量）	0.1~55/0~3600kW[3]	0.01/0.1kW[3]	变频器额定容量
	894	工频时控制选择	0, 1, 2, 3	1	0
	895	节能功率基准值	0, 1, 9999	1	9999

(续)

功能	参数	名称	设定范围	最小设定单位	初始值
节能监视器	896	电价	0~500, 9999	0.01	9999
	897	节能监视器平均时间	0, 1~1000h, 9999	1	9999
	898	清除节能累计监视值	0, 1, 10, 9999	1	9999
	899	运行时间率（推算值）	0~100%, 9999	0.1%	9999
校正参数	C0 (900)	FM 端子校正	—	—	—
	C1 (901)	AM 端子校正	—	—	—
	C2 (902)	端子 2 频率设定偏置频率	0~400Hz	0.01Hz	0Hz
	C3 (902)	端子 2 频率设定偏置	0~300%	0.1%	0%
	125 (903)	端子 2 频率设定增益频率	0~400Hz	0.01Hz	50Hz
	C4 (903)	端子 2 频率设定增益	0~300%	0.1%	100%
	C5 (904)	端子 4 频率设定偏置频率	0~400Hz	0.01Hz	0Hz
	C6 (904)	端子 4 频率设定偏置	0~300%	0.1%	20%
	126 (905)	端子 4 频率设定增益频率	0~400Hz	0.01Hz	50Hz
	C7 (905)	端子 4 频率设定增益	0~300%	0.1%	100%
	C12 (917)	端子 1 偏置频率（速度）	0~400Hz	0.01Hz	0Hz
	C13 (917)	端子 1 偏置（速度）	0~300%	0.1%	0%
	C14 (918)	端子 1 增益频率（速度）	0~400Hz	0.01Hz	50Hz
	C15 (918)	端子 1 增益（速度）	0~300%	0.1%	100%
	C16 (919)	端子 1 偏置指令（转矩/磁通）	0~400Hz	0.1%	0%
	C17 (919)	端子 1 偏置（转矩/磁通）	0~300%	0.1%	0%
	C18 (920)	端子 1 增益指令（转矩/磁通）	0~400Hz	0.1%	150%
	C19 (920)	端子 1 增益（转矩/磁通）	0~300%	0.1%	100%

附　录

（续）

功能	参数	名称	设定范围	最小设定单位	初始值
校正参数	C38 (932)	端子4偏置指令（转矩/磁通）	0~400%	0.1%	0%
	C39 (932)	端子4偏置（转矩/磁通）	0~300%	0.1%	20%
	C40 (933)	端子4增益指令（转矩/磁通）	0~400%	0.1%	150%
	C41 (933)	端子4增益（转矩/磁通）	0~300%	0.1%	100%
—	989	解除复制参数报警	10，100	1	10/100③
PU	990	PU 蜂鸣器音控制	0，1	1	1
	991	PU 对比度调整	0~63	1	58
参数清除	Pr.CL	参数清除	0，1	1	0
	ALLC	参数全部清除	0，1	1	0
	Er.CL	清除报警历史	0，1	1	0
	PCPY	参数复制	0，1，2，3	1	0

注：1. 有◎标记的参数表示的是简单模式参数。（初始值为扩展模式）

2. 对于有 ▨ 标记的参数，即使 Pr.77 "参数写入选择" 为 "0"（初始值）也可以在运行过程中更改设定值。

① 根据电压等级的不同而异。

② 仅在 FR – A7AP 安装时可进行设定。

③ 容量不同也各不相同。（55kW 以下/75kW 以上）

参 考 文 献

[1] 亚龙科技集团. 自动化生产线安装与调试 [M]. 北京：中国铁道出版社，2010.
[2] 盛靖琪，陈永平. 自动化生产线安装与调试 [M]. 北京：机械工业出版社，2015.
[3] 吴明亮，樊明龙. 自动化生产线技术 [M]. 北京：化学工业出版社，2010.
[4] 杜丽萍. 自动化生产线安装与调试 [M]. 北京：机械工业出版社，2015.
[5] 张虹，方鸶翔. PLC 技术及应用 [M]. 武汉：华中科技大学出版社，2017.